AF561384

COLLECTION D'OUVRAGES CLASSIQUES
RÉDIGÉS EN COURS GRADUÉS
CONFORMÉMENT AUX PROGRAMMES OFFICIELS

EXERCICES DE CALCUL

SUR

LES QUATRE OPÉRATIONS FONDAMENTALES DE L'ARITHMÉTIQUE

PAR UNE RÉUNION DE PROFESSEURS

TOURS
MAISON A. MAME & FILS
Imprimeurs-Éditeurs

PARIS
Vve CH. POUSSIELGUE
Libraire, rue Cassette, 15

ET CHEZ LES PRINCIPAUX LIBRAIRES

N° 161

EXERCICES SUR LA NUMÉRATION

1er EXERCICE. — LES DIX CHIFFRES

0	1	2	3	4	5	6	7	8	9
zéro	un	deux	trois	quatre	cinq	six	sept	huit	neuf

2e EXERCICE. — DE DIX A VINGT

10 Dix	14 Quatorze	18 Dix-huit
11 Onze	15 Quinze	19 Dix-neuf
12 Douze	16 Seize	20 Vingt
13 Treize	17 Dix-sept	

3e EXERCICE. — LES DIZAINES

10 Dix	40 Quarante	70 Soixante-dix
20 Vingt	50 Cinquante	80 Quatre-vingts
30 Trente	60 Soixante	90 Quatre-vingt-dix

4e EXERCICE. — TOUS LES NOMBRES DE 2 CHIFFRES

10 Dix	40 Quarante	70 Soixante-dix
11 Onze	41 Quarante et un	71 Soixante et onze
12 Douze	42 Quarante-deux	72 Soixante-douze
13 Treize	43 Quarante-trois	73 Soixante-treize
14 Quatorze	44 Quarante-quatre	74 Soixante-quatorze
15 Quinze	45 Quarante-cinq	75 Soixante-quinze
16 Seize	46 Quarante-six	76 Soixante-seize
17 Dix-sept	47 Quarante-sept	77 Soixante-dix-sept
18 Dix-huit	48 Quarante-huit	78 Soixante-dix-huit
19 Dix-neuf	49 Quarante-neuf	79 Soixante-dix-neuf
20 Vingt	50 Cinquante	80 Quatre-vingts
21 Vingt et un	51 Cinquante et un	81 Quatre-vingt-un
22 Vingt-deux	52 Cinquante-deux	82 Quatre-vingt-deux
23 Vingt-trois	53 Cinquante-trois	83 Quatre-vingt-trois
24 Vingt-quatre	54 Cinquante-quatre	84 Quatre-vingt-quatre
25 Vingt-cinq	55 Cinquante-cinq	85 Quatre-vingt-cinq
26 Vingt-six	56 Cinquante-six	86 Quatre-vingt-six
27 Vingt-sept	57 Cinquante-sept	87 Quatre-vingt-sept
28 Vingt-huit	58 Cinquante-huit	88 Quatre-vingt-huit
29 Vingt-neuf	59 Cinquante-neuf	89 Quatre-vingt-neuf
30 Trente	60 Soixante	90 Quatre-vingt-dix
31 Trente et un	61 Soixante et un	91 Quatre-vingt-onze
32 Trente-deux	62 Soixante-deux	92 Quatre-vingt-douze
33 Trente-trois	63 Soixante-trois	93 Quatre-vingt-treize
34 Trente-quatre	64 Soixante-quatre	94 Quatre-vingt-quatorze
35 Trente-cinq	65 Soixante-cinq	95 Quatre-vingt-quinze
36 Trente-six	66 Soixante-six	96 Quatre-vingt-seize
37 Trente-sept	67 Soixante-sept	97 Quatre-vingt-dix-sept
38 Trente-huit	68 Soixante-huit	98 Quatre-vingt-dix-huit
39 Trente-neuf	69 Soixante-neuf	99 Quatre-vingt-dix-neuf

NOMBRES DE 3 CHIFFRES

100 Cent
101 Cent un
102 Cent deux
103 Cent trois
104 Cent quatre
105 Cent cinq
106 Cent six
107 Cent sept
108 Cent huit
109 Cent neuf
110 Cent dix
211 Deux cent onze
312 Trois cent douze
413 Quatre cent treize
514 Cinq cent quatorze
615 Six cent quinze
716 Sept cent seize
817 Huit cent dix-sept
918 Neuf cent dix-huit
119 Cent dix-neuf
820 Huit cent vingt
121 Cent vingt et un
432 Quatre cent trente-deux
333 Trois cent trente-trois
244 Deux cent quarante-quatre
745 Sept cent quarante-cinq
656 Six cent cinquante-six
457 Quatre cent cinquante-sept
968 Neuf cent soixante-huit
269 Deux cent soixante-neuf
170 Cent soixante-dix
571 Cinq cent soixante et onze
272 Deux cent soixante-douze
773 Sept cent soixante-treize
474 Quatre cent soixante-quatorze
875 Huit cent soixante-quinze
880 Huit cent quatre-vingts
381 Trois cent quatre-vingt-un
189 Cent quatre-vingt-neuf
990 Neuf cent quatre-vingt-dix
591 Cinq cent quatre-vingt-onze
996 Neuf cent quatre-vingt-seize
797 Sept cent quatre-vingt-dix-sept
198 Cent quatre-vingt-dix-huit
999 Neuf cent quatre-vingt-dix-neuf

NOMBRES DE 4 A 12 CHIFFRES

2.005 Deux *mille* cinq *unités*
4.024 Quatre *mille* vingt-quatre *unités*
10.007 Dix *mille* sept *unités*
24.019 Vingt-quatre *mille* dix-neuf *unités*
300.027 Trois cent *mille* vingt-sept *unités*
504.204 Cinq cent quatre *mille* deux cent quatre *unités*
2.000.009 Deux *millions* neuf *unités*
3.004.207 Trois *millions* quatre *mille* deux cent sept *unités*
10.005.195 Dix *millions* cinq *mille* cent quatre-vingt-quinze *unités*
35.045.110 Trente-cinq *millions* quarante-cinq *mille* cent dix *unités*
300.010.060 Trois cent *millions* dix *mille* soixante *unités*
406.009.056 Quatre cent six *millions* neuf *mille* cinquante-six *unités*
4.075.109.346 Quatre *billions* ou *milliards* soixante-quinze *millions* cent neuf *mille* trois cent quarante-six *unités*
24.017.000.245 Vingt-quatre *billions* dix-sept *millions* deux cent quarante-cinq *unités*
150.015.145.307 Cent cinquante *billions* quinze *millions* cent quarante-cinq *mille* trois cent sept *unités*

Remarque. — Pour énoncer des nombres composés de plus de 12 chiffres, on se rappellerait que les tranches successives portent les noms suivants : *unité, mille, million, billion, trillion, quatrillion, quintillion, sextillion*, etc.

TABLE D'ADDITION

1 et 0 font 1	4 et 0 font 4	7 et 0 font 7
1 et 1 font 2	4 et 1 font 5	7 et 1 font 8
1 et 2 font 3	4 et 2 font 6	7 et 2 font 9
1 et 3 font 4	4 et 3 font 7	7 et 3 font 10
1 et 4 font 5	4 et 4 font 8	7 et 4 font 11
1 et 5 font 6	4 et 5 font 9	7 et 5 font 12
1 et 6 font 7	4 et 6 font 10	7 et 6 font 13
1 et 7 font 8	4 et 7 font 11	7 et 7 font 14
1 et 8 font 9	4 et 8 font 12	7 et 8 font 15
1 et 9 font 10	4 et 9 font 13	7 et 9 font 16
2 et 0 font 2	5 et 0 font 5	8 et 0 font 8
2 et 1 font 3	5 et 1 font 6	8 et 1 font 9
2 et 2 font 4	5 et 2 font 7	8 et 2 font 10
2 et 3 font 5	5 et 3 font 8	8 et 3 font 11
2 et 4 font 6	5 et 4 font 9	8 et 4 font 12
2 et 5 font 7	5 et 5 font 10	8 et 5 font 13
2 et 6 font 8	5 et 6 font 11	8 et 6 font 14
2 et 7 font 9	5 et 7 font 12	8 et 7 font 15
2 et 8 font 10	5 et 8 font 13	8 et 8 font 16
2 et 9 font 11	5 et 9 font 14	8 et 9 font 17
3 et 0 font 3	6 et 0 font 6	9 et 0 font 9
3 et 1 font 4	6 et 1 font 7	9 et 1 font 10
3 et 2 font 5	6 et 2 font 8	9 et 2 font 11
3 et 3 font 6	6 et 3 font 9	9 et 3 font 12
3 et 4 font 7	6 et 4 font 10	9 et 4 font 13
3 et 5 font 8	6 et 5 font 11	9 et 5 font 14
3 et 6 font 9	6 et 6 font 12	9 et 6 font 15
3 et 7 font 10	6 et 7 font 13	9 et 7 font 16
3 et 8 font 11	6 et 8 font 14	9 et 8 font 17
3 et 9 font 12	6 et 9 font 15	9 et 9 font 18

TABLE DE SOUSTRACTION

0 ôté de 0 reste 0	2 ôté de 2 reste 0	4 ôté de 4 reste 0
0 ôté de 1 reste 1	2 ôté de 3 reste 1	4 ôté de 5 reste 1
0 ôté de 2 reste 2	2 ôté de 4 reste 2	4 ôté de 6 reste 2
0 ôté de 3 reste 3	2 ôté de 5 reste 3	4 ôté de 7 reste 3
0 ôté de 4 reste 4	2 ôté de 6 reste 4	4 ôté de 8 reste 4
0 ôté de 5 reste 5	2 ôté de 7 reste 5	4 ôté de 9 reste 5
0 ôté de 6 reste 6	2 ôté de 8 reste 6	4 ôté de 10 reste 6
0 ôté de 7 reste 7	2 ôté de 9 reste 7	4 ôté de 11 reste 7
0 ôté de 8 reste 8	2 ôté de 10 reste 8	4 ôté de 12 reste 8
0 ôté de 9 reste 9	2 ôté de 11 reste 9	4 ôté de 13 reste 9
1 ôté de 1 reste 0	3 ôté de 3 reste 0	5 ôté de 5 reste 0
1 ôté de 2 reste 1	3 ôté de 4 reste 1	5 ôté de 6 reste 1
1 ôté de 3 reste 2	3 ôté de 5 reste 2	5 ôté de 7 reste 2
1 ôté de 4 reste 3	3 ôté de 6 reste 3	5 ôté de 8 reste 3
1 ôté de 5 reste 4	3 ôté de 7 reste 4	5 ôté de 9 reste 4
1 ôté de 6 reste 5	3 ôté de 8 reste 5	5 ôté de 10 reste 5
1 ôté de 7 reste 6	3 ôté de 9 reste 6	5 ôté de 11 reste 6
1 ôté de 8 reste 7	3 ôté de 10 reste 7	5 ôté de 12 reste 7
1 ôté de 9 reste 8	3 ôté de 11 reste 8	5 ôté de 13 reste 8
1 ôté de 10 reste 9	3 ôté de 12 reste 9	5 ôté de 14 reste 9

6	ôté de	6	reste	0	8	ôté de	8	reste	0	10	ôté de	10	reste	0
6	ôté de	7	reste	1	8	ôté de	9	reste	1	10	ôté de	11	reste	1
6	ôté de	8	reste	2	8	ôté de	10	reste	2	10	ôté de	12	reste	2
6	ôté de	9	reste	3	8	ôté de	11	reste	3	10	ôté de	13	reste	3
6	ôté de	10	reste	4	8	ôté de	12	reste	4	10	ôté de	14	reste	4
6	ôté de	11	reste	5	8	ôté de	13	reste	5	10	ôté de	15	reste	5
6	ôté de	12	reste	6	8	ôté de	14	reste	6	10	ôté de	16	reste	6
6	ôté de	13	reste	7	8	ôté de	15	reste	7	10	ôté de	17	reste	7
6	ôté de	14	reste	8	8	ôté de	16	reste	8	10	ôté de	18	reste	8
6	ôté de	15	reste	9	8	ôté de	17	reste	9	10	ôté de	19	reste	9

7	ôté de	7	reste	0	9	ôté de	9	reste	0
7	ôté de	8	reste	1	9	ôté de	10	reste	1
7	ôté de	9	reste	2	9	ôté de	11	reste	2
7	ôté de	10	reste	3	9	ôté de	12	reste	3
7	ôté de	11	reste	4	9	ôté de	13	reste	4
7	ôté de	12	reste	5	9	ôté de	14	reste	5
7	ôté de	13	reste	6	9	ôté de	15	reste	6
7	ôté de	14	reste	7	9	ôté de	16	reste	7
7	ôté de	15	reste	8	9	ôté de	17	reste	8
7	ôté de	16	reste	9	9	ôté de	18	reste	9

Valeur des signes

\+ Signifie plus.

— Signifie moins.

× Signifie mult. par.

: Signifie divisé par.

TABLE DE MULTIPLICATION

1	fois	0	fait	0	4	fois	0	font	0	7	fois	0	font	0
1	fois	1	fait	1	4	fois	1	font	4	7	fois	1	font	7
1	fois	2	fait	2	4	fois	2	font	8	7	fois	2	font	14
1	fois	3	fait	3	4	fois	3	font	12	7	fois	3	font	21
1	fois	4	fait	4	4	fois	4	font	16	7	fois	4	font	28
1	fois	5	fait	5	4	fois	5	font	20	7	fois	5	font	35
1	fois	6	fait	6	4	fois	6	font	24	7	fois	6	font	42
1	fois	7	fait	7	4	fois	7	font	28	7	fois	7	font	49
1	fois	8	fait	8	4	fois	8	font	32	7	fois	8	font	56
1	fois	9	fait	9	4	fois	9	font	36	7	fois	9	font	63
2	fois	0	font	0	5	fois	0	font	0	8	fois	0	font	0
2	fois	1	font	2	5	fois	1	font	5	8	fois	1	font	8
2	fois	2	font	4	5	fois	2	font	10	8	fois	2	font	16
2	fois	3	font	6	5	fois	3	font	15	8	fois	3	font	24
2	fois	4	font	8	5	fois	4	font	20	8	fois	4	font	32
2	fois	5	font	10	5	fois	5	font	25	8	fois	5	font	40
2	fois	6	font	12	5	fois	6	font	30	8	fois	6	font	48
2	fois	7	font	14	5	fois	7	font	35	8	fois	7	font	56
2	fois	8	font	16	5	fois	8	font	40	8	fois	8	font	64
2	fois	9	font	18	5	fois	9	font	45	8	fois	9	font	72
3	fois	0	font	0	6	fois	0	font	0	9	fois	0	font	0
3	fois	1	font	3	6	fois	1	font	6	9	fois	1	font	9
3	fois	2	font	6	6	fois	2	font	12	9	fois	2	font	18
3	fois	3	font	9	6	fois	3	font	18	9	fois	3	font	27
3	fois	4	font	12	6	fois	4	font	24	9	fois	4	font	36
3	fois	5	font	15	6	fois	5	font	30	9	fois	5	font	45
3	fois	6	font	18	6	fois	6	font	36	9	fois	6	font	54
3	fois	7	font	21	6	fois	7	font	42	9	fois	7	font	63
3	fois	8	font	24	6	fois	8	font	48	9	fois	8	font	72
3	fois	9	font	27	6	fois	9	font	54	9	fois	9	font	81

TABLE DE DIVISION

Ex. 20 : 6 = 3, r. 2. *Lisez* 20 divisé par 6 égale 3, reste 2.

1 : 1 = 1
2 : 2 = 1
3 : 2 = 1, r. 1
4 : 2 = 2
5 : 2 = 2, r. 1
6 : 2 = 3
7 : 2 = 3, r. 1
8 : 2 = 4
9 : 2 = 4, r. 1
10 : 2 = 5
11 : 2 = 5, r. 1
12 : 2 = 6
13 : 2 = 6, r. 1
14 : 2 = 7
15 : 2 = 7, r. 1
16 : 2 = 8
17 : 2 = 8, r. 1
18 : 2 = 9
19 : 2 = 9, r. 1

---

3 : 3 = 1
4 : 3 = 1, r. 1
5 : 3 = 1, r. 2
6 : 3 = 2
7 : 3 = 2, r. 1
8 : 3 = 2, r. 2
9 : 3 = 3
10 : 3 = 3, r. 1
11 : 3 = 3, r. 2
12 : 3 = 4
13 : 3 = 4, r. 1
14 : 3 = 4, r. 2
15 : 3 = 5
16 : 3 = 5, r. 1
17 : 3 = 5, r. 2
18 : 3 = 6
19 : 3 = 6, r. 1
20 : 3 = 6, r. 2
21 : 3 = 7
22 : 3 = 7, r. 1
23 : 3 = 7, r. 2
24 : 3 = 8
25 : 3 = 8, r. 1
26 : 3 = 8, r. 2
27 : 3 = 9
28 : 3 = 9, r. 1
29 : 3 = 9, r. 2

---

4 : 4 = 1
5 : 4 = 1, r. 1
6 : 4 = 1, r. 2
7 : 4 = 1, r. 3
8 : 4 = 2
9 : 4 = 2, r. 1
10 : 4 = 2, r. 2
11 : 4 = 2, r. 3
12 : 4 = 3
13 : 4 = 3, r. 1
14 : 4 = 3, r. 2
15 : 4 = 3, r. 3
16 : 4 = 4
17 : 4 = 4, r. 1
18 : 4 = 4, r. 2
19 : 4 = 4, r. 3
20 : 4 = 5
21 : 4 = 5, r. 1
22 : 4 = 5, r. 2
23 : 4 = 5, r. 3
24 : 4 = 6
25 : 4 = 6, r. 1
26 : 4 = 6, r. 2
27 : 4 = 6, r. 3
28 : 4 = 7
29 : 4 = 7, r. 1
30 : 4 = 7, r. 2
31 : 4 = 7, r. 3
32 : 4 = 8
33 : 4 = 8, r. 1
34 : 4 = 8, r. 2
35 : 4 = 8, r. 3
36 : 4 = 9
37 : 4 = 9, r. 1
38 : 4 = 9, r. 2
39 : 4 = 9, r. 3

---

5 : 5 = 1
6 : 5 = 1, r. 1
7 : 5 = 1, r. 2
8 : 5 = 1, r. 3
9 : 5 = 1, r. 4
10 : 5 = 2
11 : 5 = 2, r. 1
12 : 5 = 2, r. 2
13 : 5 = 2, r. 3
14 : 5 = 2, r. 4
15 : 5 = 3
16 : 5 = 3, r. 1
17 : 5 = 3, r. 2
18 : 5 = 3, r. 3
19 : 5 = 3, r. 4
20 : 5 = 4
21 : 5 = 4, r. 1
22 : 5 = 4, r. 2
23 : 5 = 4, r. 3
24 : 5 = 4, r. 4
25 : 5 = 5
26 : 5 = 5, r. 1
27 : 5 = 5, r. 2
28 : 5 = 5, r. 3
29 : 5 = 5, r. 4
30 : 5 = 6
31 : 5 = 6, r. 1
32 : 5 = 6, r. 2
33 : 5 = 6, r. 3
34 : 5 = 6, r. 4
35 : 5 = 7
36 : 5 = 7, r. 1
37 : 5 = 7, r. 2
38 : 5 = 7, r. 3
39 : 5 = 7, r. 4
40 : 5 = 8
41 : 5 = 8, r. 1
42 : 5 = 8, r. 2
43 : 5 = 8, r. 3
44 : 5 = 8, r. 4
45 : 5 = 9
46 : 5 = 9, r. 1
47 : 5 = 9, r. 2
48 : 5 = 9, r. 3
49 : 5 = 9, r. 4

---

6 : 6 = 1
7 : 6 = 1, r. 1
8 : 6 = 1, r. 2
9 : 6 = 1, r. 3
10 : 6 = 1, r. 4
11 : 6 = 1, r. 5
12 : 6 = 2
13 : 6 = 2, r. 1
14 : 6 = 2, r. 2
15 : 6 = 2, r. 3
16 : 6 = 2, r. 4
17 : 6 = 2 : r. 5
18 : 6 = 3
19 : 6 = 3, r. 1
20 : 6 = 3, r. 2
21 : 6 = 3, r. 3
22 : 6 = 3, r. 4
23 : 6 = 3, r. 5
24 : 6 = 4
25 : 6 = 4, r. 1
26 : 6 = 4, r. 2
27 : 6 = 4, r. 3
28 : 6 = 4, r. 4
29 : 6 = 4, r. 5
30 : 6 = 5
31 : 6 = 5, r. 1
32 : 6 = 5, r. 2
33 : 6 = 5, r. 3
34 : 6 = 5, r. 4
35 : 6 = 5, r. 5
36 : 6 = 6
37 : 6 = 6, r. 1
38 : 6 = 6, r. 2
39 : 6 = 6, r. 3
40 : 6 = 6, r. 4
41 : 6 = 6, r. 5
42 : 6 = 7
43 : 6 = 7, r. 1
44 : 6 = 7, r. 2
45 : 6 = 7, r. 3
46 : 6 = 7, r. 4
47 : 6 = 7, r. 5
48 : 6 = 8
49 : 6 = 8, r. 1
50 : 6 = 8, r. 2
51 : 6 = 8, r. 3
52 : 6 = 8, r. 4
53 : 6 = 8, r. 5
54 : 6 = 9
55 : 6 = 9, r. 1
56 : 6 = 9, r. 2
57 : 6 = 9, r. 3
58 : 6 = 9, r. 4
59 : 6 = 9, r. 5

---

7 : 7 = 1
8 : 7 = 1, r. 1
9 : 7 = 1, r. 2
10 : 7 = 1, r. 3
11 : 7 = 1, r. 4
12 : 7 = 1, r. 5
13 : 7 = 1, r. 6
14 : 7 = 2
15 : 7 = 2, r. 1
16 : 7 = 2, r. 2
17 : 7 = 2, r. 3
18 : 7 = 2, r. 4
19 : 7 = 2, r. 5
20 : 7 = 2, r. 6
21 : 7 = 3
22 : 7 = 3, r. 1
23 : 7 = 3, r. 2
24 : 7 = 3, r. 3

25 : 7 = 3, r. 4
26 : 7 = 3, r. 5
27 : 7 = 3, r. 6
28 : 7 = 4
29 : 7 = 4, r. 1
30 : 7 = 4, r. 2
31 : 7 = 4, r. 3
32 : 7 = 4, r. 4
33 : 7 = 4, r. 5
34 : 7 = 4, r. 6
35 : 7 = 5
36 : 7 = 5, r. 1
37 : 7 = 5, r. 2
38 : 7 = 5, r. 3
39 : 7 = 5, r. 4
40 : 7 = 5, r. 5
41 : 7 = 5, r. 6
42 : 7 = 6
43 : 7 = 6, r. 1
44 : 7 = 6, r. 2
45 : 7 = 6, r. 3
46 : 7 = 6, r. 4
47 : 7 = 6, r. 5
48 : 7 = 6, r. 6
49 : 7 = 7
50 : 7 = 7, r. 1
51 : 7 = 7, r. 2
52 : 7 = 7, r. 3
53 : 7 = 7, r. 4
54 : 7 = 7, r. 5
55 : 7 = 7, r. 6
56 : 7 = 8
57 : 7 = 8, r. 1
58 : 7 = 8, r. 2
59 : 7 = 8, r. 3
60 : 7 = 8, r. 4
61 : 7 = 8, r. 5
62 : 7 = 8, r. 6
63 : 7 = 9
64 : 7 = 9, r. 1
65 : 7 = 9, r. 2
66 : 7 = 9, r. 3
67 : 7 = 9, r. 4
68 : 7 = 9, r. 5
69 : 7 = 9, r. 6

---

8 : 8 = 1
9 : 8 = 1, r. 1
10 : 8 = 1, r. 2
11 : 8 = 1, r. 3
12 : 8 = 1, r. 4
13 : 8 = 1, r. 5
14 : 8 = 1, r. 6
15 : 8 = 1, r. 7
16 : 8 = 2
17 : 8 = 2, r. 1
18 : 8 = 2, r. 2
19 : 8 = 2, r. 3
20 : 8 = 2, r. 4
21 : 8 = 2, r. 5
22 : 8 = 2, r. 6
23 : 8 = 2, r. 7
24 : 8 = 3
25 : 8 = 3, r. 1
26 : 8 = 3, r. 2
27 : 8 = 3, r. 3
28 : 8 = 3, r. 4
29 : 8 = 3, r. 5
30 : 8 = 3, r. 6
31 : 8 = 3, r. 7
32 : 8 = 4
33 : 8 = 4, r. 1
34 : 8 = 4, r. 2
35 : 8 = 4, r. 3
36 : 8 = 4, r. 4
37 : 8 = 4, r. 5
38 : 8 = 4, r. 6
39 : 8 = 4, r. 7
40 : 8 = 5
41 : 8 = 5, r. 1
42 : 8 = 5, r. 2
43 : 8 = 5, r. 3
44 : 8 = 5, r. 4
45 : 8 = 5, r. 5
46 : 8 = 5, r. 6
47 : 8 = 5, r. 7
48 : 8 = 6
49 : 8 = 6, r. 1
50 : 8 = 6, r. 2
51 : 8 = 6, r. 3
52 : 8 = 6, r. 4
53 : 8 = 6, r. 5
54 : 8 = 6, r. 6
55 : 8 = 6, r. 7
56 : 8 = 7
57 : 8 = 7, r. 1
58 : 8 = 7, r. 2
59 : 8 = 7, r. 3
60 : 8 = 7, r. 4
61 : 8 = 7, r. 5
62 : 8 = 7, r. 6
63 : 8 = 7, r. 7
64 : 8 = 8
65 : 8 = 8, r. 1
66 : 8 = 8, r. 2
67 : 8 = 8, r. 3
68 : 8 = 8, r. 4
69 : 8 = 8, r. 5
70 : 8 = 8, r. 6
71 : 8 = 8, r. 7
72 : 8 = 9
73 : 8 = 9, r. 1
74 : 8 = 9, r. 2
75 : 8 = 9, r. 3
76 : 8 = 9, r. 4
77 : 8 = 9, r. 5
78 : 8 = 9, r. 6
79 : 8 = 9, r. 7

---

9 : 9 = 1
10 : 9 = 1, r. 1
11 : 9 = 1, r. 2
12 : 9 = 1, r. 3
13 : 9 = 1, r. 4
14 : 9 = 1, r. 5
15 : 9 = 1, r. 6
16 : 9 = 1, r. 7
17 : 9 = 1, r. 8
18 : 9 = 2
19 : 9 = 2, r. 1
20 : 9 = 2, r. 2
21 : 9 = 2, r. 3
22 : 9 = 2, r. 4
23 : 9 = 2, r. 5
24 : 9 = 2, r. 6
25 : 9 = 2, r. 7
26 : 9 = 2, r. 8
27 : 9 = 3
28 : 9 = 3, r. 1
29 : 9 = 3, r. 2
30 : 9 = 3, r. 3
31 : 9 = 3, r. 4
32 : 9 = 3, r. 5
33 : 9 = 3, r. 6
34 : 9 = 3, r. 7
35 : 9 = 3, r. 8
36 : 9 = 4
37 : 9 = 4, r. 1
38 : 9 = 4, r. 2
39 : 9 = 4, r. 3
40 : 9 = 4, r. 4
41 : 9 = 4, r. 5
42 : 9 = 4, r. 6
43 : 9 = 4, r. 7
44 : 9 = 4, r. 8
45 : 9 = 5
46 : 9 = 5, r. 1
47 : 9 = 5, r. 2
48 : 9 = 5, r. 3
49 : 9 = 5, r. 4
50 : 9 = 5, r. 5
51 : 9 = 5, r. 6
52 : 9 = 5, r. 7
53 : 9 = 5, r. 8
54 : 9 = 6
55 : 9 = 6, r. 1
56 : 9 = 6, r. 2
57 : 9 = 6, r. 3
58 : 9 = 6, r. 4
59 : 9 = 6, r. 5
60 : 9 = 6, r. 6
61 : 9 = 6, r. 7
62 : 9 = 6, r. 8
63 : 9 = 7
64 : 9 = 7, r. 1
65 : 9 = 7, r. 2
66 : 9 = 7, r. 3
67 : 9 = 7, r. 4
68 : 9 = 7, r. 5
69 : 9 = 7, r. 6
70 : 9 = 7, r. 7
71 : 9 = 7, r. 8
72 : 9 = 8
73 : 9 = 8, r. 1
74 : 9 = 8, r. 2
75 : 9 = 8, r. 3
76 : 9 = 8, r. 4
77 : 9 = 8, r. 5
78 : 9 = 8, r. 6
79 : 9 = 8, r. 7
80 : 9 = 8, r. 8
81 : 9 = 9
82 : 9 = 9, r. 1
83 : 9 = 9, r. 2
84 : 9 = 9, r. 3
85 : 9 = 9, r. 4
86 : 9 = 9, r. 5
87 : 9 = 9, r. 6
88 : 9 = 9, r. 7
89 : 9 = 9, r. 8

EXERCICES SUR L'ADDITION

1	412 325	19	475 204	37	576 117	55	577 194	73	456 832	91	674 854
2	613 234	20	507 492	38	746 149	56	345 456	74	517 491	92	357 489
3	514 342	21	272 129	39	427 239	57	456 265	75	621 724	93	854 359
4	517 421	22	426 457	40	574 219	58	748 285	76	707 797	94	456 895
5	745 223	23	587 107	41	247 389	59	679 178	77	424 397	95	764 857
6	426 232	24	648 239	42	176 277	60	574 279	78	524 415	96	647 879
7	575 223	25	557 227	43	379 485	61	457 754	79	617 493	97	452 830
8	254 623	26	123 567	44	486 297	62	705 804	80	779 776	98	123 534
9	148 750	27	456 234	45	596 279	63	345 189	81	475 794	99	342 873
10	564 324	28	789 209	46	149 288	64	496 794	82	637 555	100	972 495
11	216 450	29	647 125	47	279 185	65	896 944	83	689 476	101	228 395
12	514 375	30	777 113	48	374 384	66	576 647	84	744 659	102	344 982
13	745 254	31	435 445	49	489 265	67	897 409	85	527 677	103	354 931
14	795 203	32	575 405	50	547 274	68	507 493	86	477 296	104	856 389
15	632 243	33	807 184	51	187 284	69	354 497	87	157 275	105	651 492
16	423 506	34	347 528	52	276 185	70	805 495	88	369 496	106	294 856
17	245 123	35	545 429	53	357 168	71	320 407	89	579 297	107	951 265
18	342 235	36	476 114	54	489 257	72	609 769	90	178 245	108	562 850

N°	Nombres	N°	Nombres	N°	Nombres	N°	Nombres
109	456.367 347.479	127	876.746 482.795	145	656.434 874.325	163	677.440 857.579
110	853.454 907.279	128	674.915 482.839	146	947.910 576.824	164	789.746 477.957
111	654.457 439.395	129	973.476 595.649	147	647.943 896.850	165	547.764 350.097
112	854.695 379.296	130	898.423 769.579	148	475.670 694 957	166	597.094 447.089
113	576.507 447.279	131	649.786 878.947	149	824.957 717.854	167	627.685 851.469
114	856.165 376.497	132	747.457 928.416	150	477.415 378.394	168	765.424 573.527
115	584.298 349.189	133	574.615 697.470	151	557.489 980.557	169	174.854 674.975
116	875.347 439.474	134	647.654 926.589	152	727.519 844.619	170	749.827 684.954
117	575.579 426.145	135	857.450 498.795	153	647.795 752.370	171	684.357 367.489
118	654.157 317.279	136	574.907 575.799	154	424.957 327.089	172	342.827 704.374
119	274.176 392.394	137	787.977 954.517	155	995.676 576.544	173	545.659 796.307
120	475.354 642.765	138	348.976 176.987	156	878.457 457.829	174	895.467 301.959
121	276.721 464.934	139	476.456 694.324	157	755.749 676.676	175	764.879 304.857
122	394.577 472.495	140	755.427 686.917	158	954.417 727.728	176	654.859 152.963
123	874.877 659.741	141	477.424 648.695	159	474.555 629.679	177	754.676 349.943
124	476.509 342.897	142	367.987 458.989	160	789.476 517.094	178	453.657 304.956
125	853.799 764.587	143	684.677 797.979	161	794.574 449.632	179	123.456 204.195
126	675.478 782.987	144	344.257 573.424	162	979.528 581.896	180	709.987 505.304

181	676.524 729.617	199	976.884 795.793	217	476.655 577.459	235	684.376 897.984
182	857.495 427.985	200	654.870 909.851	218	882.354 576.937	236	307.450 850.967
183	794.691 657.784	201	776.893 371.456	219	347 694 476.797	237	648.967 976.878
184	470.557 381.877	202	759.544 877.409	220	695.794 774.689	238	549.875 687.216
185	274.654 769.719	203	650.717 876.509	221	879.767 854.952	239	474.305 869.496
186	487.825 394.624	204	451.629 739.767	222	650.769 775.678	240	607.450 376.980
187	829 651 728.577	205	657.897 794.976	223	745.654 576.089	241	745.674 302.956
188	687.657 789.909	206	876.575 457.978	224	765.097 975.985	242	895.465 359.963
189	875.654 989.907	207	847.425 934.817	225	754.742 901.754	243	345.607 156.605
190	789.107 695.999	208	707.809 976.437	226	754.676 869.754	244	697.807 307.852
191	123.456 789.012	209	849.735 651.976	227	457.579 819.516	245	980.079 395.891
192	472.617 884.954	210	746.743 854.957	228	547.794 827.489	246	784.853 487.904
193	617.854 594.917	211	917.829 851.427	229	374.375 725.795	247	647.871 309.241
194	894.575 876.934	212	856.437 934.579	230	795.796 987.678	248	497.654 340.956
195	575.671 679.584	213	457.829 319.515	231	578.467 854.359	249	807.405 350.705
196	675.794 790.827	214	769.413 617.875	232	678.487 854.356	250	654.907 351.903
197	417.825 535.479	215	576.279 495.176	233	587.875 496.794	251	805.464 890.315
198	876.427 934.557	216	957.424 919.576	234	673.875 594.967	252	654.907 389.980

253	807.976 5.624 564.807	266	452.827 76.679 2.742	279	3.474 827.951 794.276	292	897.452 920.672 746.794
254	577.409 689.476 6.747	267	310.407 76.415 592.808	280	7.952 972.354 786.546	293	76.009 984.888 457.697
255	845.467 37.854 957.674	268	875.449 996.898 3.824	281	85.837 352.934 587.952	294	904.525 876.577 928.395
256	6.976 827.845 535.694	269	82.742 924.895 752.566	282	357.047 76.879 649.754	295	827.456 925.834 834.937
257	70.459 425.716 409.357	270	784.805 492.827 4.754	283	304.825 77.156 789.654	296	824.907 933.829 54.927
258	5.027 376.877 736.954	271	6.823 989.347 724.839	284	452.372 9.694 877.783	297	456.874 27.956 769.674
259	405.789 6.854 75.768	272	57.924 984.697 725.833	285	897.476 684.753 778.694	298	47.854 957.970 809.676
260	67.425 576.324 847.907	273	954.356 876.977 767.898	286	776.827 84.785 492.826	299	476.089 748.678 88.482
261	76.515 689.065 276.709	274	79.080 854.974 569.677	287	453.821 74.759 859.667	300	987.854 64.247 809.456
262	671.079 9.906 567.765	275	64.807 52.934 879.768	288	217.904 54.825 679.964	301	741.854 7.465 3.978
263	275.824 197.489 356.490	276	4.927 98.896 679.589	289	376.924 433.827 899.755	302	4.307 645.879 474.307
264	24.547 752.976 376.549	277	894.796 457.877 786.987	290	657.985 984.752 895.674	303	456.817 96.209 817.456
265	824 294.731 481.835	278	53.827 677.924 789.789	291	423.590 677.884 899.791	304	327.410 7.689 456.351

305	59.827 747.365 984.576	318	654.789 773.212 564.342	331	5.276 576.423 760.554	344	237.864 49.874 895.597
306	364.907 671.596 795.879	319	676.834 847.885 989.769	332	676.345 834.557 896.743	345	624.079 937.484 584.979
307	754.607 837.925 945.769	320	495.837 72.224 795.477	333	654.957 78.786 547.679	346	678.879 95.547 276.754
308	759.823 875.453 694.937	321	37.904 986.876 877.795	334	529.234 876.789 798.575	347	376.474 928 357 877.676
309	924.674 787.743 896.395	322	676.976 799.884 685.544	335	257.470 988.742 599.899	348	76.984 487.876 549.879
310	789.651 666.795 584.888	323	823.441 937.542 239.674	336	454.376 756.079 489.215	349	676 456.894 972.397
311	677.491 5.887 976.642	324	824.954 987.889 769.564	337	7.809 356.377 254.594	350	6.795 694.846 653.957
312	837.454 928.367 676.896	325	834.905 976.827 895.795	338	376.476 5.654 858.796	351	849 753.476 977.689
313	576.824 794.952 977.495	326	839.455 768.649 897.795	339	854.217 785.829 677.549	352	87.654 796.078 578.697
314	835.754 676.885 898.776	327	698.929 837.651 596.746	340	34.827 376.956 798.898	353	450.017 696.459 807.576
315	754.829 878.937 989.773	328	954.653 497.974 689.899	341	87.851 676.724 375.697	354	307 45.654 807.456
316	854.947 967.876 789.767	329	654.376 795.497 689.879	342	78.947 354.705 495.827	355	7.426 874.974 954.369
317	654.576 976.787 898.694	330	677.894 895.957 577.676	343	276.509 484.821 256.776	356	67.450 698.795 476.887

N°			
357	943.575.423	854.349.870	975.750.249
358	745.654.870	94.875.984	734.954.877
359	476.854.984	7.675.895	654.764.954
360	576.895.752	495.847.967	9.954.634
361	477.546.789	585.678.897	246.794.976
362	524.677.875	676.954.967	795.896.789
363	74.954.896	745.876.547	6.798.798
364	376.457.897	453.376.586	547.684.794
365	52.576.827	576.497.899	494.785.675
366	743.240.827	457.654.932	596.786.896
367	574.654.787	9.876.989	785.495.875
368	476.986.541	984.247.677	596.795.954
369	654.234.654	568.976.456	876.889.999
370	657.954	862.945.677	452.789.654
371	457.676.917	576.485.854	695.976.967
372	543.285.654	791.396.787	887.567.976
373	576.451.324	455.934.656	567.957.823
374	587.654.927	674.987.634	486.856.858
375	7.453.876	954.796.685	876.666.793
376	432.765.321	754.674.807	879.987.984
377	576.795.984	687.987.877	793.676.785
378	567.898	547.676.784	325.479.977
379	476.307.827	574.587.654	955.496.772
380	7.675.432	234.567.899	475.376.798
381	375.452.677	7.546.984	578.667.546
382	230.076.475	791.989.396	484.657.987
383	476.795.675	764.579.889	507.687.964
384	545.657.899	437.964.542	654.876.788
385	195.234.357	7.676.968	596.798.879
386	452.373.464	786.954.789	694.876.998
387	796.457.676	687.794.794	8.968.587
388	584.653.795	695.796.817	776.887.984
389	457.576.324	6.847.987	689.698.798
390	674.856	974.845.922	64.596.847
391	74.285	97.889.658	854.397.897
392	7.650.074	853.987.695	974.876.956
393	74.234.654	986.876.497	647.987.854
394	476.874	75.689.693	896.797.784
395	65.489	7.688.987	986.854.576

N°			
396	576.794.652	467.887.789	689.975.898
397	354.796.452	477.689.376	766.875.889
398	454.764.896	897.589	689.985.667
399	413.575.654	245.689.897	987.347.566
400	567.984.321	495.675.474	689.797.689
401	4.347.651	865.755.561	447.675.384
402	327.454.276	789.567.485	898.635.743
403	645.606.997	2.754.884	567.875.776
404	475.645.751	547.896.946	689.987.875
405	456.374.854	967.653.485	526.789.596
406	546.276.927	627.792	797.794.889
407	677.455.476	794.587.495	685.694.784
408	7.565.654	49.677.789	488.754.347
409	577.235.467	689.898.596	845.976.375
410	745.676.452	356.789.584	789.898.976
411	564.375.452	827.952.365	989.899.765
412	7.652.927	535.746.795	676.898.888
413	769.654.327	452.577.889	678.786.918
414	575.479.884	657.584.927	789.697.547
415	327.450.676	821.976.217	796.897.898
416	567.452.377	477.354.889	889.687.996
417	5.677.452	436.584.796	797.895.974
418	325.674.827	747.932.674	569.485.895
419	415.956.327	825.937.454	976.878.796
420	327.457.632	794.875.954	686.956.869
421	798.653.450	7.987.987	956.896.789
422	754.650.827	675.798.354	757.654.976
423	650.475.875	6.984.989	889.796.854
424	764.576.776	476.884.894	987.997.987
425	74.678.432	7.465.374	847.953.459
426	546.876.307	9.046.754	74.857.937
427	436.807	47.659.874	856.524.325
428	57.435.607	842.954.824	95.676.936
429	70.457	8.984.604	976.867.539
430	7.650.342	974.376.457	83.085.768
431	45.789	75.376.453	847.648.967
432	6.785.076	745.672.893	89.847.984
433	794.217.476	6.954.307	954.307
434	7.456.079	454.807.354	7.395.709

N°	Nombres	N°	Nombres	N°	Nombres
435	56.276.454 357.796.709 6.719.187 577.485.855	445	725.076.482 894.675 489.765.798 78 987.864	455	54.307 489.787.596 748.995.984 687.543 753
436	692.976 427.985.741 4.851.907 795.291.752	446	20.742.345 679.659.419 848.487.578 987.894.684	456	456.884.569 677.958.888 3.735.894 942.469.952
437	76.984.316 6.569.897 978.087.705 324.829.496	447	434.579 478.527.624 2.795.467 984.686.386	457	987.654.327 767.454 5.846.785 966.535.592
438	74.826.456 96.749 895.735.276 498.307.476	448	789.894.607 6 546.754 73.836 454.287.948	458	74.952 987.785.874 865.289.289 746.347.667
439	576.450.079 94.196.376 65.438 560.898.275	449	356.754.651 7.447.176 78.489 94.839.589	459	7.847.976 346.964.624 974.548.935 73.856.907
440	797.654.829 776.819 15.435.839 596.787.976	450	6.798.954 452.679.587 7.665 777.423.749	460	742.345 67.496.567 879.787.896 544 087.674
441	485.676 497.897.987 89.854 769.476.769	451	457.887.954 378.798.237 596.576.765 185.964.476	461	874.325 167.489.874 7.678.978 934.854.674
442	654.874.954 68.987.876 796.589 895.458.795	452	276.457.844 384.584.876 997.695.897 865.768.765	462	8.450.753 407.674.829 799.456.948 976.874.607
443	57.874.089 4.786.774 875.697.897 965.665	453	437.576.874 54.694.969 869.787.487 985.853.598	463	76.874 4.768.959 659.897.864 485.974.678
444	476.542.827 69.874.386 297.486.674 4.235.745	454	596.832.542 7.447.176 78.489 94.869.598	464	787.695 989.942.894 7.426.876 894.247.654

465	824.927.552	937.654.674	876.376.981	8.198.396
466	7.692.752	79.754.276	936.577.423	764.798.234
467	875.927.404	784.652.753	996.874.967	3.435.899
468	7.854.254	985.676.376	54.476	776.649.867
469	476.217.824	376.981	988.765.324	67.472
470	749.827.356	776.874	978.594.659	67.989.377
471	7.827.432	54.827	987.675.372	899.466.754
472	7.808	886.766.554	.834.251	977.407.307
473	456.874	6.378.496	98.899.577	885.293.654
474	578.907.007	423.569.456	9.823.576	476.354.985
475	456.258.987	76 898	5.789.543	878.265.303
476	7.417	7.376.453	96.543.234	672.354.831
477	25.974	984.567.832	7.976.765	468.988.598
478	654.789	988.472.925	6.347.227	865.235.678
479	455.276.827	374.455.934	933.821	9.837.755
480	796.487.825	4.754.954	92.236	475.235.642
481	54.336	452.576.345	4.987.894	985.891.237
482	576.476.823	76.417	643.217.895	897.988.589
483	452.376.824	1.364.795	898.987.885	856.676
484	56.234	984.572.373	479.668.542	854.684.963
485	924.345.706	56.227	4.376.825	896.269.824
486	746.834.232	988.978.345	75.576	89.452.372
487	769.827.405	37.409.754	363.429	576.217.674
488	74.284.504	834.976	427.677.689	957.854.376
489	75.487.634	807 976.469	789.547.978	407.906.807
490	745.648	845.976.408	977.689.987	456.807.542
491	8.745.677	896.675	976.674.344	854.954.956
492	674.816	47.989.745	57.698.579	984.874.769
493	435.649	89.376.874	497.694.587	75.654.806
494	45.608.425	906.425.679	849.579.858	708.754.376

495	674.359.864 7.677.952 898.547.563 936.459
496	496.577 476.784.896 987.929.654 856.934.761
497	357.654 827.964.276 789.853 496.677.927
498	74,927 354.213.455 456 717 896.546.825
499	76.542 653.476 764.589 985 579.698.794
500	4.834 759.787.672 4.952.892 979.894.927
501	979.678.899 76.897 879.654.393 798.989.789
502	997.334 989.296.857 897.576.854 932.677.496
503	45.457.879 674 798.654 2.686.796 345 989.807
504	576.859 474.897.978 2.886.797 47.689.836
505	687.854 679.796.979 675.768 885.975.433
506	4.457.988 25.678.796 654.786.679 97.676.927
507	45.675.467 6.789.854 307.576.376 489.236.579
508	3.547.897 205.685.929 74.354.586 506.875.496
509	976.452 34.687.376 7.898.957 456.976.654
510	3.458.542 47.977.375 829.457 476.853.452
511	647.897 453.987.374 8.899.999 951.987.676
512	475.676.475 67.894.357 829.678.976 7.496.345
513	8.354.875 457.487.689 29.946.798 7.678.897
514	78.475.854 475.995.876 7.889.689 679.375.487
515	894.875 70.675.487 207.876.896 46.954.278
516	7.654.322 40.796.979 6.687.855 207.976.872
517	45.473.654 369.867 6.489.874 78.907.576
518	45.678.907 7.422.875 76.689.387 475.654.976
519	4.809.675 307.685.494 84 296.972 807.574.676
520	5.694.275 48.769.542 743.607.929 789.876
521	784.807 45.487.653 4.569.879 937.624.845
522	475.879 674.275.827 7.454 3.976.798
523	7.484 4.948.679 807.456.896 403.476
524	45.678 79.478.895 897.687.924 886.976.543

525
235.789
854.756.276
876.254
6.307
676.287.984

526
896.709
4.707.852
85.796
4.347.089
822.054.087

527
650.795
805.367.425
6.294.727
87.656
976.585.482

528
377.491.156
876.775
128.945.569
7.797.542
478.536.984

529
634.807
7.476.924
234.487.839
76.454
854.759.875

530
95.474
293.569.865
9.867.564
354.207.851
709.078.407

531
56.354
875.295
94.240.984
787.089.856
476.572.327

532
754.276.307
5.705
734.123
342.476.751
897.679.747

533
745.650.807
79.089
750.607.984
7.824.253
765.654.807

534
376.742
676.484.976
7.854
819.542.057
524.506.492

535
577.045.624
422.754.974
7.852
9.545.754
517.609.827

536
554.077
2.654.076
576.529.824
485.737.652
529.824.549

537
2.654.827
349.837.450
51.759
838.845.607
400.754.527

538
654.717.821
96.751
854.677.910
793.452.375
989.885

539
9.008
794.887.654
923.552.989
53.975
634.374.524

540
1.675.781
873.714.654
934.652.827
34.752
987.876.974

541
677.094.854
937
687.924.877
4.607.889
946.879.789

542
53.754
768.779.467
357.653
924.546.274
827.937.651

543
576.089.024
7.790
987.654.378
378.459
857.537.784

544
87.874
589.874.454
457.879
485.784.985
87.676

545
894.576.489
27.834
787.894.957
689.876.976
876.474.857

546
7.474.653
893.786.749
977.847.970
7.674.807
984.796.764

547
67.474
8.576.987
977.698.346
75.607.854
907.453.905

548
75.652.973
807.985.684
984.894.834
84.356.907
854.974.354

549
79.854
689.483.796
769.874.597
424.276
172.435.624

550
564.216.354
457.689
957.684.754
976.789.698
76.556

551
535.623
537.451.825
946.879.942
54.676
684.783.487

552
784.279.354
827.459
34.752
797.686.546
986.895.235

553
764.276.827
5.934
743.877.896
469.979
856.547.654

554
53.493
582.374.897
476.789.679
543.236.544
77.899

555
594.347.576
652.284.675
28.454
654.382.352
889.999

556
453.049.229
77.450
898.560.980
560.782.650
899.999

557
574.851
327.987.859
876.924
457.604.589
846.798.678

558
741.654.704
896.759.898
78.454
652.789.829
877.934

559
544.321.676
455.764
987.696.957
852.376.476
93.459.889

560
428.850
634.237.549
753.489.807
8.597 935
343.525.837

561
676.401.888
765.465.854
654.754.976
489.894
784.577.927

562
454.276.303
6.659.879
48.876
997.459.953
497.879.975

563
457.827
454.364.934
6.349.379
835.235.478
434.324.789

564
67.894
692.352.373
9.889.455
897.576.987
876.927.475

565
545.654.822
476.375.529
79.589
7.598.778
989.879.679

566
64.854
96.753.478
875.478.796
845.697.685
964.708.574

567
54.821
957.476.974
87.963.427
879.454.609
887.976.078

568
76.452
827.954.589
676.495.876
379.475
476.254.587

569
796.784.327
695.418
354.372.543
94.954
653.735.459

570
765.432.743
484.379.852
5.475
498.799
643.257.897

571
507.427
834.236.454
765.687.935
94.879
476.372.384

572
7.465
843.946
976.729.874
453.947.697
47.854.796

N°					
573	76.754	74.049.387	87.689	8.487	976.889.309
574	34.675	8.748.789	47.197.867	4.267.968	476.798
575	4.375.478	76.339.895	46.239	575.839.875	47.689.676
576	89.876	32.478.495	456.869.378	9.796	789.876.789
577	678.375	24.747.786	54.376	6.776.924	87.684
578	759.875	76.476.694	789.788	896.480.672	9.874.679
579	476.360	74.784.470	97.375	176.870.794	684.387.953
580	75.685.378	837.456	24.359.876	507.876.934	8.974.325
581	75.437	475.487.879	87.088.965	6.969	374.807.497
582	747.659	36.469.877	74.598	4.376.954	876.987.864
583	2.474.376	7.046.794	89.689	781.047.076	676.884.254
584	84.369	47.647.898	69.976	876.247.689	797.685.764
585	75.469	45.687.987	98.898	874.676.496	986.839.769
586	79.859	47.887.678	307.966.788	475.807	639.807.461
587	654.676.450	56.437	874.954.653	678.869.762	4.976.569
588	84.054	876.498.769	967.823.951	2.827.924	516.452.317
589	574.854.953	76.875	577.784.979	6.452.324	791.327.451
590	53.472	689.824.537	797.859.855	6.987.874	927.675.793
591	435.654.827	63.889	517.837.459	9.456.859	796.597.888
592	83.275	789.727.694	4.276.987	765.465.879	689.879.984
593	27.834	789.889.476	764.678.769	6.487.554	629.835.689
594	7.697.847	965.436.984	753.796	874.325.976	985.689.884
595	457.852	907.234.074	874.765.987	37.456.876	9.478.494
596	17.456.742	76.976	874.295.684	8.764.325	987.853.254

597	87.437	604	174.885.478	611	743.879.815
	845.953.897		71.582.004		815.617
	976.437.785		675.934.691		543.819.205
	7.865.967		23.456		475.945.807
	845.684.796		789.987.65[illegible]		40.506
	974.879.087		321.123.004		708.090.107
598	476.850	605	619	612	19.673
	79.643.279		916.094.807		297.918.376
	898.767.984		55.978		198.256.370
	87.678.797		665.494.968		891.652.073
	7.709.474		7.453.875		562.307
	968.456.789		679.403.804		819.586.749
599	74.215.517	606	99 473	613	297.197.875
	923.476.976		255.679.742		85.675
	849.694.792		715.817.905		102.304.506
	7.456.854		847.473		915.450
	974.307.804		504.975.679		783.879.643
	89.804.959		79.405		78.346
600	76.259	607	23.654	614	91.792
	584.089.876		987.321.456		817 974.273
	9.276.184		748.597.319		7.939.839
	357.208.345		847.957.817		73.983
	187.674		596.187		879.654.978
	815.356.257		793.873.659		704 653.874
601	75.453	608	439.215.678	615	875.918
	779.876.275		512.876		3.749.875
	847.560		675.344.819		607
	789 187.295		6.679.817		717.875.578
	3.020.543		40.704		873.654
	675 217.673		974.890.009		975.873.557
602	473.275.689	609	495.673.987	616	43.375
	97.374		549.637.709		497.582.672
	654.548.973		34.907		807.912
	872.299.100		987.103.654		943.879.773
	400.300		987.697		545.874
	209.108.806		123.789.769		347.221.179
603	192.837.465	610	945.475.643	617	65.341
	8.546		4.000.904		785.976.543
	219.835.645		74.749		587.879.375
	4.917.543		608.475.904		89.567
	798.673.892		617.815.958		717.875.943
	975.697.879		453.064		479.813.653

618
87.567
379.727.436
543.879.647
847.718
590.079.068
958.673.875

619
75.945
347.785.549
7.849.973
837.493.547
94.579
698.975.654

620
954.800
674.985.774
642.275.859
73.849
273.249.245
433.835.643

621
943.805.709
500.400
375.872.473
429.878.347
75.004
478.972.819

622
73.279
673.549.875
643.945.873
495.783
673.985.879
304.050

623
987.676.819
789.768.189
974.675
798.695.879
43.876
989.765.847

624
75.479
679.679.649
974.473.675
2.293.678
789.875
507.674.874

625
490.580
874.965.477
242.675.598
93.487
723.429.524
343.385.634

626
493.058.970
505.408
735.287.743
219.887.374
47.050
947.297.488

627
23.779
367.495.587
430.056
364.594.783
549.378
367.598.798

628
97.876.681
189.876.897
577.649
978.569.897
46.387
789.576.498

629
297.479
123.040.506
8.009
743.879.687
879.645
349.798.473

630
230.450.670
974.876
456.948.275
9.547
923.435.639
800.330

631
47.743
645.504.914
504.003
743.879.473
123.456.789
54.321

632
93.895
714.097.607
908.706.054
876.793.879
93.673
793.879.653

633
97.840.724
85.796.530
454.084.785
976.084.796
684.895.694
892.017.925

634
54.276
4.568.947
579.879.457
78.456.974
854.377.856
975.084.917

635
4.765
896.497
989.769.884
870.452.374
85.694.956
784.954.350

636
79.653
843.975.679
456.789
987.654.321
743.879.643
971.738.642

637
743.946.876
3.654
937.378.549
874.549
879.674.654
789.978.607

638
45.007
600.780.910
743.875.473
975.654.383
5.945.879
543.873.335

639
247, 07
76, 295
7.849, 089
84.676, 007
94.897, 55
297.476, 007

640
4.754, 807
29, 005
679.387, 07
84.696, 695
797.878, 454
689.374, 275

641
49, 87
675, 755
74.784, 389
897.576, 5
49.854, 354
976.489, 675

642
48.476, 37
84, 35
7.469, 879
489.374, 207
684.978, 654
97, 95

643
687, 85
678.798, 475
795.875, 309
74.297, 75
397.689, 876
79.787, 765

644
48, 65
3.796, 879
84.698, 796
697.876, 687
784.793, 398
695.687, 865

645
8, 45
7.569, 875
876.474, 769
97.895, 395
789.784, 7
895.887, 876

646
87, 5
684, 375
97.896, 84
378 378, 754
894.297, 40
76.389, 375

647
397, 807
47.684, 754
376.897, 76
89.897, 902
737.487, 87
74.375, 295

648
4, 279
846, 365
7.468, 94
309.876, 876
495.784, 99
789.876, 265

649
4.567, 454
48.978, 875
698.397, 90
89.854, 357
758.379, 458
876.385, 758

650
75.476, 87
7.879, 985
857.958, 976
98.874, 394
987.689, 87
896.706, 357

651
7, 456
854, 375
74.987, 897
389.876, 985
76.975, 876
847.754, 257

652
14, 32
4.768, 445
297.896, 495
84.397, 876
987.568, 987
96.884, 789

653
789, 75
689.897, 957
74.876, 375
987.984, 396
879.276, 475
84.375, 794

654
74, 25
6.792, 325
794.676, 477
897.895, 755
49.657, 275
896.375, 377

655
457, 265
34.209, 807
407.997, 65
96.678, 345
854.207, 567
742.854, 234

656
4, 085
952, 674
57.678, 457
84.957, 094
976.764, 205
85.960, 605

657
7, 46
466.854, 267
74.898, 24
79, 674
987.684, 397
849.741, 476

658
425, 842
9.706, 453
854.954, 279
87.007, 985
795.895, 094
74.934, 025

659
470.854, 927
6.797, 654
842.357, 987
9.640, 85
454.057, 797
7.694, 045

660	275, 48
	78.594, 345
	824.769, 67
	47.684, 785
	989.797, 87
	978.456, 294
	84.787, 75
661	.476, 287
	76.347, 65
	854.789, 759
	987, 88
	75.876, 3
	397.654, 276
	689.784, 356
662	7, 48
	684, 27
	78.296, 392
	934.934, 4
	76.456, 876
	794.376, 48
	869.687, 787
663	47, 65
	356, 879
	475.674, 008
	7.865, 78
	978.654, 487
	89.478, 6
	796.354, 296
664	34.276, 20
	4.987, 642
	94.396, 796
	395.297, 8
	478.507, 654
	789.854, 796
	87.676, 395
665	45.687, 75
	796.996, 884
	79.454, 37
	784.877, 756
	987.696, 3
	46.085, 864
	900.754, 709
666	74.874, 364
	8.946, 2
	954.397, 825
	89.446, 296
	778.654, 37
	859.469, 749
	78.347, 005
667	7, 456
	4.674, 874
	758.988, 42
	75.827, 975
	852.976, 405
	976.853, 57
	89.357, 6
668	864, 75
	573.457, 67
	78.379, 455
	887.286, 54
	74.674, 22
	899.375, 929
	98.456, 135
669	76, 452
	42.684, 25
	789.376, 472
	74.254, 29
	895.376, 375
	84.454, 29
	687.295, 873
670	7.476, 87
	46.984, 954
	764.889, 79
	89.676, 978
	796, 39
	497.654, 476
	976.487, 652
671	84, 25
	709, 654
	85.643, 74
	976.437, 834
	43.796, 75
	954.627, 975
	87.976, 654
672	4, 765
	3.742, 98
	497.654, 296
	54.396, 7
	7.467, 802
	605.783, 60
	396.456, 3
673	4.625, 754
	272.789, 87
	49.708, 35
	687.456, 795
	709, 64
	456.307, 83
	84.256, 394
674	147, 54
	374.689, 425
	79.476, 25
	8.957, 475
	979, 32
	954.207, 654
	989.854, 257
675	450.875, 45
	96 984, 375
	7.896, 796
	874.374, 84
	89.409, 754
	7 956, 85
	975.470, 705
676	425.607, 4
	704.935, 65
	89.742, 795
	878.964, 079
	94.376, 008
	407.684, 827
	984.356, 80
677	807.495, 75
	94.377, 075
	9.876, 907
	84.347, 525
	749.654, 75
	97.476, 854
	976.456, 84

678
654.875.407.456, 087
7.698.764.075, 095
875.497.346, 54
896.977.648.953, 745
974.886.979.475, 87
89.764.386.797, 954
875.974.797.942, 757

679
476.908.730.458, 37
84.875.926.795, 305
97.845.670, 415
896.574.907.548, 754
49.387.899.449, 690
946.385 985, 754
896.750.658.676, 456

680
875.047.027.754, 805
986.478.988.979, 65
909.654.854, 765
845.676.937.542, 807
907.452.843.674, 904
6.789 379.895, 85
654.897 904.807, 907

681
456.789, 935
459.878.456, 75
789.876.589.874, 454
76.988.697.995, 57
698.665.432.541, 007
84.794.356.478, 200
879.473.464.677, 405

682
764.356.475.807, 354
678.474.854 357, 807
435.789.796.798, 974
876.574.457, 65
74.345.685.928, 405
697.537.467.876, 35
784.296.409.654, 357

683
75 478.507, 504
674.985.686, 95
78.456.694.394, 235
895.697.867.459, 300
86.973.535.678, 75
897.568.946.785, 674
986.745.674.354, 200

684
742.340.075, 80
859.475.676 496, 375
78.594.396.584, 656
9.789 489.377, 495
687.875.743.509, 675
84.675 708, 35
987.654.321.123, 456

685
754.236.450, 009
8.973.421.768, 54
796.895.647.679, 750
845.700.968.796, 005
42.783.587, 207
95.763.895.645, 905
787.879.674.478, 05

686
76.456.264, 85
74.295.674.378, 907
9.767.349.853, 452
897.689.785.964, 675
946 854.294.456, 35
89.766.477.942, 653
876.472.248.957, 457

687
45.678.405.978, 65
989.098.574.356, 545
87.667.353.674, 370
978.854.967.819, 525
976.432.718, 674
343.563.741.074, 54
674.257.687.459, 754

688
76.456.857, 75
8.974.348.975, 695
796.495.789.694, 374
87.374.897 476, 49
678.496.924.764, 207
89.682.345.459, 607
496.924.356 479, 806

689
57.807, 453
674.696.954, 69
789.787.789.674, 795
69.875.480, 007
97.432.546.796, 05
684.346.275.987, 754
9.865.436.894, 705

690	729 417	708	583 235	726	725 437	744	347 294	762	376 187	780	957 879
691	632 521	709	995 747	727	834 445	745	576 287	763	452 289	781	978 495
692	836 314	710	451 323	728	948 859	746	586 397	764	976 589	782	874 199
693	748 534	711	762 425	729	752 275	747	804 377	765	476 297	783	742 375
694	654 433	712	853 734	730	749 573	748	507 295	766	705 479	784	876 497
695	867 625	713	974 847	731	852 474	749	400 245	767	694 197	785	742 676
696	969 733	714	855 548	732	577 209	750	605 294	768	747 254	786	744 174
697	875 750	715	972 729	733	683 494	751	846 379	769	754 264	787	654 178
698	980 550	716	681 168	734	707 493	752	676 297	770	857 249	788	456 277
699	696 424	717	774 405	735	576 297	753	374 296	771	978 499	789	674 287
700	721 513	718	565 457	736	574 247	754	607 409	772	879 497	790	842 376
701	925 519	719	726 418	737	698 299	755	800 501	773	678 487	791	478 297
702	733 314	720	523 354	738	764 292	756	652 294	774	964 256	792	874 397
703	847 629	721	745 254	739	945 654	757	844 586	775	745 359	793	976 358
704	952 734	722	847 368	740	657 289	758	753 684	776	678 499	794	456 388
705	864 135	723	335 147	741	784 395	759	946 278	777	854 375	795	754 277
706	767 548	724	475 287	742	875 697	760	545 484	778	456 298	796	855 278
707	971 422	725	617 429	743	376 189	761	818 299	779	976 495	797	476 287

798	454.565 7.347	816	457.427 289.268	834	467.007 84.339	852	857.217 798.478
799	645.742 8.525	817	375.147 196.078	835	458.075 75.497	853	577.405 198.576
800	478.754 97.125	818	967.435 76.546	836	878.045 85 579	854	704.555 375.697
801	249.764 87.125	819	455.310 8.474	837	784.725 97.857	855	347.257 179.879
802	487.654 298.047	820	478.726 289.357	838	357.117 87.779	856	455.606 179.80[illegible]
803	405.425 216.217	821	459.435 88.578	839	564.022 82.107	857	756.374 457.495
804	426.790 79.179	822	457.565 89.798	840	747.207 61.745	858	697.899 808.849
805	426.542 179.127	823	245.751 72.984	841	134.207 70.709	859	359.854 204.905
806	845.472 478.304	824	547.422 268.657	842	450.007 62.095	860	746.879 500.899
807	658.765 279.007	825	246.745 68.976	843	456.785 137.097	861	456.874 399.612
808	457.421 178.175	826	457.495 68.597	844	740.070 471.097	862	347.854 79.678
809	345.745 279.276	827	238.475 177.987	845	767.405 409.876	863	345.654 174.876
810	456.678 146.578	828	475.647 92.278	846	870.050 757 147	864	897.954 541.378
811	347.123 274.075	829	256.456 74.179	847	700.707 209.889	865	907.454 708.596
812	847.457 457.424	830	678.407 93.218	848	357.074 196.407	866	897.452 508.578
813	457.424 178.175	831	780.705 90.877	849	476.277 197.689	867	654.087 87.659
814	477.853 187.485	832	879.425 94.177	850	645.444 452.079	868	847.654 759.879
815	478.727 289.356	833	789.852 49.776	851	750.007 467.459	869	854.087 98.498

N°			N°			N°		
870	454.540.756	8.899.987	888	746.009.504	8.009.715	906	437.900.012	78.900.017
871	457.652.478	49.876.579	889	418.030.450	27.740.761	907	405.234.542	53.012.479
872	484.765.432	292.976.974	890	458.300.070	28.412.391	908	746.547.903	61.472.991
873	256.895.454	4.947.872	891	759.400.007	71.900.749	909	587.847.007	94.958.098
874	697.345.954	89.807.795	892	457.432.987	79.941.769	910	547.870.047	4.951.749
875	754.674.895	64.834.795	893	348.754.320	279.922.476	911	657.462.024	79.834.015
876	753.807.954	857.995	894	879.765.833	19.837.692	912	457.804.356	65.907.127
877	764.675.790	275.987.899	895	824.505.937	9.436.379	913	867.491.234	91.374.927
878	507.895.954	407.984.876	896	705.454.377	7.792.198	914	474.827.456	82.456.622
879	400.746.807	200.837.984	897	247.400.824	83.291.817	915	737.576.824	75.954.942
880	451.900.797	7.191.989	898	879.457.651	97.780.079	916	645.479.846	493.791.797
881	345.807.904	176.943.745	899	678.453.001	94.567.007	917	784.500.743	563.712.597
882	542.600.741	6.723.745	900	457.893.453	9.594.327	918	875.674.745	94.789.823
883	820.470.015	554.376	901	458.745.976	179.970.069	919	389.370.045	489.154
884	810.847.065	614.896.874	902	104.007.852	72.876.194	920	745.874.320	97.905.483
885	427.476.987	177.191.989	903	567.534.852	72.876.194	921	657.453.854	69.791.563
886	649.405.067	579.647.189	904	478.754.900	9.472.674	922	874.807.790	65.910.047
887	274.007.304	92.129.405	905	678.476.501	89.497.354	923	997.007.001	45.124.375

N°		
924	847.653.454	74.375.576
925	850.070.452	97.050.654
926	475.364.378	297.273.457
927	546.807.575	277.451.794
928	653.405.995	476.294.474
929	956.753.764	678.404.954
930	677.454.854	495.647.562
931	789.543.578	497.379.357
932	676.527.528	424.709.798
933	844.565.647	753.676.575
934	877.456.756	398.298.575
935	956.875.587	764.697.754
936	764.927.074	676.489.572
937	896.467.756	97.964.847
938	984.375.578	678.227.754
939	950.076.074	475.207.454
940	477.275.759	298.345.847
941	375.427.587	189.719.754
942	456.700.750	45.612.495
943	476.227.487	247.624.756
944	876.007.054	798.435.495
945	564.079.758	285.187.976
946	753.097.507	194.289.778
947	400.075.546	93.457.897
948	534.857.678	472.789.756
949	450.007.546	40.079.452
950	487.054.554	98.047.775
951	475.907.754	69.419.548
952	905.207.246	746.855.472
953	797.542.240	8.765.576
954	574.554.247	59.676.452
955	468.207.427	9.704.554
956	754.007.454	679.005.765
957	954.875.754	577.469.579
958	432.700.769	71.904.257
959	650.079.059	479.084.764
960	453.007.527	276.499.619
961	837.040.054	4.134.567
962	975.076.024	584.839.752
963	400.700.007	203.405.604
964	854.375.956	457.827
965	827.235.465	519.147.276
966	977.405.370	95.504.790
967	456.954.827	377.472.918
968	752.347.824	73.259.677
969	974.500.700	93.235.945
970	976.453.876	455.972.395
971	839.457.354	745.689.835
972	576.874.250	97.093.475
973	845.977.605	7.884.996
974	875.459.805	97.140.976
975	847.654.976	39.787.495
976	984.700.064	76.975.479
977	654.856.977	7.965.437

N°		
978	764.907, 05	87.929, 795
979	346.176, 007	78.487, 878
980	656.450, 054	78.677, 09
981	376.570, 005	87.745, 15
982	752.475, 754	89.787, 95
983	897.450, 07	98.776, 095
984	423.750, 5	56.879, 75
985	356.842, 25	47.974, 745
986	754.754, 7	37.679, 25
987	267.475, 75	79.797, 975
988	764.704, 23	87.957, 747
989	465.742, 5	76.908, 075
990	787.654, 5	98.298, 25
991	576.427, 9	89.550, 957
992	347.495, 5	79.789, 756
993	654.652, 5	73.475, 76
994	843.276, 75	77.787, 985
995	357.402, 5	69.776, 756
996	548.757, 05	69.899, 76
997	654.565, 5	78.749, 895
998	467.517, 5	89.349, 756
999	258.542, 07	74 784, 987
1000	489.476, 376	4.787, 45
1001	478.454, 85	9.589, 975
1002	467.465, 75	8.234, 975
1003	748.760, 4	279.429, 75
1004	567.476, 08	277.988, 795
1005	476.435, 5	285.489, 875
1006	378.989, 01	189.471, 875
1007	267.576, 72	189.487, 695
1008	641.764, 05	576.376, 476
1009	717.425, 5	458.764, 757
1010	624.760, 45	576.978, 976
1011	870.079, 04	198.789, 958
1012	645.652, 5	178.794, 74
1013	578.576, 5	289.709, 769
1014	487.854, 5	198.965, 428
1015	789.706, 5	99.879, 765
1016	476.407, 35	7.984, 075
1017	159.427, 7	74.796, 456
1018	745.600, 05	87.740, 275
1019	478.465, 5	9.794, 759
1020	874.276, 75	94.769, 576
1021	784.529, 02	95.947, 354
1022	477.435, 30	58.507, 295
1023	976.007, 45	48.943, 775
1024	798.344, 5	14.792, 756
1025	477.456, 72	98.748, 809
1026	789.576, 5	99.767, 357
1027	549.876, 55	8.957, 546
1028	742.576, 853	179.409, 07
1029	764.007, 257	97.042, 549
1030	877.574, 9	98.347, 257
1031	754.252, 5	272.189, 756

1032	112 1	1050	543 3	1068	564 5	1086	482 7	1104	789 8	1122	789 9
1033	113 2	1051	476 4	1069	379 6	1087	673 8	1105	897 9	1123	470 2
1034	123 3	1052	763 5	1070	407 7	1088	452 9	1106	756 2	1124	674 3
1035	124 4	1053	379 6	1071	839 8	1089	824 2	1107	676 3	1125	873 4
1036	215 5	1054	245 7	1072	987 9	1090	347 3	1108	749 4	1126	453 5
1037	902 6	1055	566 8	1073	676 2	1091	947 3	1109	876 5	1127	767 6
1038	714 7	1056	827 9	1074	436 3	1092	654 4	1110	768 6	1128	975 7
1039	707 8	1057	940 2	1075	927 4	1093	842 5	1111	789 7	1129	437 8
1040	416 9	1058	623 3	1076	875 5	1094	762 6	1112	769 8	1130	842 9
1041	545 2	1059	454 4	1077	464 6	1095	452 7	1113	879 9	1131	954 2
1042	346 3	1060	567 5	1078	276 7	1096	764 8	1114	456 2	1132	375 3
1043	276 4	1061	874 6	1079	769 8	1097	874 9	1115	789 3	1133	845 4
1044	307 5	1062	367 7	1080	477 9	1098	765 2	1116	876 4	1134	674 5
1045	406 6	1063	453 8	1081	695 2	1099	687 3	1117	456 5	1135	347 6
1046	547 7	1064	842 9	1082	989 3	1100	454 4	1118	768 6	1136	576 7
1047	876 8	1065	769 2	1083	549 4	1101	784 5	1119	476 7	1137	876 8
1048	426 9	1066	847 3	1084	354 5	1102	367 6	1120	347 8	1138	795 9
1049	289 2	1067	564 4	1085	287 6	1103	489 7	1121	889 9	1139	974 2

1140	489.507	2
1141	654.764	3
1142	200.705	4
1143	924.654	5
1144	753.407	6
1145	923.247	7
1146	951.847	8
1147	657.432	9
1148	837.476	6
1149	670.075	7
1150	456.024	4
1151	653.707	7
1152	839.456	6
1153	576.824	5
1154	744.527	8
1155	677.456	9
1156	975.045	2
1157	547.854	3
1158	653.407	4
1159	753.423	5
1160	854.753	6
1161	857.453	7
1162	673.459	8
1163	747.827	9
1164	942.276	9
1165	954.376	2
1166	742.087	3
1167	427.907	4
1168	456.876	5
1169	345.654	6
1170	857.976	7
1171	484.237	8
1172	870.089	9
1173	574.345	2
1174	654 237	3
1175	576.484	4
1176	390.542	5
1177	347.824	6
1178	784.260	7
1179	485.296	8
1180	945.678	9
1181	369.452	2
1182	864.207	3
1183	475.654	4
1184	365.408	5
1185	824.025	6
1186	547.686	7
1187	879.789	8
1188	487.676	9
1189	765.478	2
1190	742.389	3
1191	875.784	4
1192	647.548	5
1193	484 374	6
1194	687.899	7
1195	876.789	8
1196	689.879	9
1197	847.987	7
1198	674.789	8
1199	987.685	9
1200	456.907	3
1201	875.450	4
1202	357.405	5
1203	975.654	6
1204	907.075	7
1205	578.045	8
1206	974.834	9
1207	375.406	4
1208	927.454	5
1209	905.453	6
1210	845.405	8
1211	845.607	9

N°	Multiplicande	Multiplicateur	N°	Multiplicande	Multiplicateur	N°	Multiplicande	Multiplicateur
1212	718.476.254	2	1230	575.696.707	4	1248	695.007.678	5
1213	764.867.678	3	1231	654.008.579	5	1249	784.653.484	4
1214	697.374.024	4	1232	395.576.927	7	1250	839.754.607	3
1215	857.654.925	7	1233	443.570.074	8	1251	476.974.827	5
1216	769.654.769	6	1234	789.870.795	9	1252	654.820.074	6
1217	475.427.654	7	1235	896.893.954	8	1253	706.007.475	7
1218	694.744.827	8	1236	976.356.453	9	1254	864.076.084	4
1219	985.564.542	9	1237	987.654.079	7	1255	974.827.454	8
1220	847.959.542	8	1238	837.054.007	8	1256	607.907.807	9
1221	737.570.742	6	1239	494.007.654	9	1257	748.754.097	2
1222	894.344.807	7	1240	574.854.376	7	1258	875.473.974	3
1223	792.670.074	5	1241	747.678.453	8	1259	574.854.967	4
1224	982.567.907	3	1242	476.864.607	9	1260	484.326.456	5
1225	880.087.370	4	1243	546.876.005	8	1261	900.741.854	6
1226	947.607.527	2	1244	607.405.007	7	1262	652.872.954	7
1227	845.794.653	7	1245	676.423.754	8	1263	307.452.854	8
1228	477.406.823	3	1246	407.676.005	8	1264	907.405.324	9
1229	394.756.928	6	1247	598.471.007	6	1265	274.279.405	9

1266 215 10
1267 719 11
1268 324 12
1269 426 13
1270 529 14
1271 633 15
1272 735 16
1273 540 17
1274 245 18
1275 754 19
1276 456 20
1277 359 21
1278 564 22
1279 167 23
1280 568 24
1281 669 25
1282 871 26
1283 976 27
1284 477 28
1285 878 29
1286 984 30
1287 386 31
1288 487 32
1289 592 33
1290 697 34
1291 775 35
1292 184 36
1293 355 37
1294 977 38
1295 344 39
1296 359 40
1297 371 41
1298 405 42
1299 470 43
1300 487 44
1301 505 45
1302 590 46
1303 539 47
1304 625 48
1305 609 49
1306 676 50
1307 703 51
1308 750 52
1309 747 53
1310 872 54
1311 870 55
1312 807 56
1313 940 57
1314 957 58
1315 907 59
1316 475 60
1317 654 61
1318 876 62
1319 956 63
1320 437 64
1321 865 65
1322 766 66
1323 964 67
1324 354 68
1325 684 69
1326 854 70
1327 578 71
1328 476 72
1329 987 73
1330 674 74
1331 845 75
1332 976 76
1333 743 77
1334 876 78
1335 769 79
1336 357 80
1337 487 81
1338 689 82
1339 574 83
1340 657 84
1341 987 85
1342 673 86
1343 437 87
1344 984 88
1345 827 89
1346 979 90
1347 657 91
1348 895 92
1349 937 93
1350 464 94
1351 687 95
1352 978 96
1353 754 97
1354 874 98
1355 954 99
1356 807 15
1357 456 19
1358 975 24
1359 454 27
1360 378 36
1361 456 38
1362 845 45
1363 469 48
1364 874 54
1365 901 57
1366 342 65
1367 456 69
1368 807 78
1369 975 79
1370 435 83
1371 875 85
1372 434 95
1373 307 99

N°			N°			N°			N°		
1374	276.475	10	1392	835.678	28	1410	759.407	46	1428	456.977	64
1375	954.828	11	1393	786.795	29	1411	677.007	47	1429	376.456	65
1376	384.957	12	1394	843.576	30	1412	796.450	48	1430	896.907	66
1377	607.405	13	1395	794.807	31	1413	984.765	49	1431	454.275	67
1378	807.405	14	1396	853.477	32	1414	470.079	50	1432	753.537	68
1379	943.822	15	1397	957.834	33	1415	834.027	51	1433	427.907	69
1380	707.045	16	1398	594.827	34	1416	976.450	52	1434	654.079	70
1381	674.653	17	1399	943.754	35	1417	654.320	53	1435	897.654	71
1382	753.824	18	1400	609.834	36	1418	753.827	54	1436	678.967	72
1383	767.984	19	1401	794.604	37	1419	600.700	55	1437	674.875	73
1384	657.480	20	1402	827.454	38	1420	407.954	56	1438	974.854	74
1385	824.756	21	1403	796.450	39	1421	834.905	57	1439	695.437	75
1386	476.937	22	1404	687.070	40	1422	976.753	58	1440	674.854	76
1387	854.961	23	1405	834.750	41	1423	489.807	59	1441	746.759	77
1388	674.897	24	1406	976.450	42	1424	796.453	60	1442	874.079	78
1389	978.007	25	1407	607.741	43	1425	794.835	61	1443	134.679	79
1390	879.678	26	1408	987.654	44	1426	456.954	62	1444	769.859	80
1391	769.407	27	1409	746.824	45	1427	546.854	63	1445	674.874	81

1446	987.432.594 46	1464	454.284.897 64	1482	807.976.453 82
1447	879.543.254 47	1465	974.896.076 65	1483	927.827.463 83
1448	607.045.079 48	1466	796.842.177 66	1484	453.976.567 84
1449	854.976.478 49	1467	659.878.453 67	1485	745.976.453 85
1450	674.807.009 50	1468	796.800.457 68	1486	629.834.577 86
1451	874.370 094 51	1469	678.800.457 69	1487	837.674.589 87
1452	874.217.009 52	1470	478.653.457 70	1488	475.899.907 88
1453	674.807.009 53	1471	324.983.457 71	1489	759.607.456 89
1454	430.079.654 54	1472	547.837.450 72	1490	827.896.765 90
1455	674.807.605 55	1473	876.956.279 73	1491	476.967.839 91
1456	476.798.079 56	1474	798.347.870 74	1492	395.797.698 92
1457	874.252.697 57	1475	878.789.698 75	1493	795.437.890 93
1458	297.654.874 58	1476	479.789.675 76	1494	807.767.489 94
1459	798.087.095 59	1477	767.787.879 77	1495	478.979.654 95
1460	487.974.827 60	1478	678.545.489 78	1496	389.878.598 96
1461	654.037.459 61	1479	467.854.349 79	1497	837.874.894 97
1462	679.854.372 62	1480	346.878.576 80	1498	587.954.980 98
1463	499.854.372 63	1481	957.689.845 81	1499	678.541.543 99

1500	457	234	1518	654	784	1536	840	465	1554	454	357	1572	347	954	1590	974	378
1501	674	246	1519	895	654	1537	981	670	1555	495	875	1573	257	859	1591	354	476
1502	827	495	1520	457	689	1538	954	267	1556	654	975	1574	674	307	1592	876	984
1503	456	375	1521	795	837	1539	870	541	1557	745	684	1575	675	439	1593	456	854
1504	978	365	1522	576	847	1540	807	954	1558	784	875	1576	475	694	1594	916	564
1505	546	378	1523	456	976	1541	354	289	1559	976	854	1577	454	679	1595	846	307
1506	475	260	1524	876	439	1542	654	978	1560	976	429	1578	384	807	1596	927	456
1507	453	576	1525	654	457	1543	687	984	1561	670	847	1579	405	976	1597	453	854
1508	874	256	1526	856	978	1544	725	297	1562	754	979	1580	746	376	1598	954	954
1509	738	453	1527	349	546	1545	857	978	1563	607	495	1581	987	845	1599	856	807
1510	764	374	1528	796	437	1546	584	897	1564	835	905	1582	804	975	1600	408	375
1511	573	459	1529	954	876	1547	976	457	1565	676	484	1583	676	796	1601	507	429
1512	873	957	1530	684	837	1548	678	376	1566	970	795	1584	805	567	1602	674	854
1513	674	893	1531	945	654	1549	594	896	1567	854	347	1585	875	492	1603	745	876
1514	457	658	1532	385	987	1550	954	678	1568	654	987	1586	765	987	1604	798	974
1515	943	765	1533	854	976	1551	542	970	1569	807	454	1587	654	795	1605	476	854
1516	476	954	1534	543	567	1552	824	307	1570	653	925	1588	895	978	1606	654	327
1517	376	489	1535	940	657	1553	406	378	1571	854	937	1589	654	897	1607	954	376

N°		
1608	456.809	110
1609	765.407	257
1610	709.857	340
1611	650.074	457
1612	834.765	518
1613	784.676	659
1614	937.456	705
1615	976.858	800
1616	769.874	940
1617	654.987	184
1618	897.676	257
1619	978.457	346
1620	876.574	457
1621	769.876	526
1622	457.974	640
1623	853.473	703
1624	957.456	854
1625	704.357	907
1626	827.400	187
1627	578.456	303
1628	824.956	387
1629	347.653	457
1630	875.907	520
1631	456.824	654
1632	753.493	752
1633	976.489	877
1634	675.456	945
1635	978.754	150
1636	976.546	200
1637	834.907	317
1638	457.834	456
1639	786.989	576
1640	827.569	623
1641	650.049	729
1642	854.076	840
1643	747.898	907
1644	647.959	183
1645	647.954	265
1646	834.706	370
1647	900.897	405
1648	807.475	576
1649	986.007	726
1650	943.554	819
1651	837.454	947
1652	967.827	125
1653	976.857	207
1654	678.984	345
1655	675.454	474
1656	730.064	500
1657	470.853	670
1658	984.765	756
1659	947.876	842
1660	689.834	943
1661	800.745	447
1662	945.634	235
1663	827.456	347
1664	769.487	426
1665	695.844	575
1666	978.450	627
1667	764.875	318
1668	654.265	429
1669	346.854	537
1670	976.954	842
1671	650.079	935
1672	645.724	359
1673	965.789	327
1674	697.896	938
1675	767.467	349
1676	157.679	937
1677	747.876	945
1678	789.379	849
1679	874.119	927

1680	475.709.453	752
1681	798.945.653	854
1682	807.497.875	965
1683	956.676.476	756
1684	466.007.452	817
1685	875.307.429	978
1686	945.427.953	479
1687	659.853.927	745
1688	746.784.957	976
1689	678.987.978	827
1690	879.769.652	498
1691	746.779.478	979
1692	975.784.899	802
1693	854.753.907	743
1694	897.654.689	345
1695	984.794.847	456
1696	657.984.854	518
1697	696.007.453	673
1698	598.976.487	607
1699	976.789.857	761
1700	698.792.387	841
1701	967.845.796	954
1702	895.746.846	107
1703	978.574.946	291
1704	679.789.840	372
1705	978.876.456	452
1706	769.457.989	509
1707	897.876.954	600
1708	978.674.856	721
1709	796.784.694	804
1710	789.657.496	976
1711	896.847.986	164
1712	767.986.476	384
1713	896.794.589	376
1714	976.654.807	425
1715	897.807.006	576
1716	984.495.384	650
1717	674.758.437	759
1718	787.834.789	805
1719	890.456.823	987
1720	878.947.537	100
1721	997.457.894	207
1722	769.677.564	345
1723	689.834.954	678
1724	987.654.854	895
1725	678.896.453	745
1726	768.953.827	607
1727	487.954.957	705
1728	676.879.745	807
1729	487.976.456	945
1730	875.407.907	657
1731	754.307.957	785
1732	895.456.376	769
1733	304.857.950	897

N°			N°			N°			N°		
1734	547.874	1.076	1752	746.677	1.452	1770	489.879	1.072	1788	976.452	1.078
1735	954.654	7.457	1753	978.457	2.375	1771	469.889	2.004	1789	834.753	2.475
1736	853.769	3.289	1754	895.765	3.726	1772	576.478	3.007	1790	456.854	3.725
1737	849.654	4.507	1755	674.894	4.007	1773	874.987	4.057	1791	769.456	4.723
1738	749.874	5.070	1756	674.595	5.764	1774	676.489	5.360	1792	690.790	5.709
1739	847.654	6.405	1757	476.897	6.875	1775	827.579	6.405	1793	456.376	6.482
1740	747.876	7.487	1758	987.494	7.458	1776	748.356	7.007	1794	805.479	3.467
1741	754.679	8.435	1759	796.785	8.343	1777	957.834	8.876	1795	674.825	8.907
1742	457.854	9.768	1760	687.807	9.201	1778	654.267	9.465	1796	975.406	5.678
1743	679.456	1.304	1761	700.789	1.425	1779	987.824	1.076	1797	807.405	4.937
1744	947.856	2.547	1762	654.827	2.347	1780	689.587	2.007	1798	794.307	8.418
1745	978.454	3.078	1763	789.456	3.453	1781	895.677	3.457	1799	357.483	3.568
1746	837.954	4.527	1764	476.895	4.070	1782	987.684	4.567	1800	279.456	4.768
1747	576.453	5.600	1765	746.954	5.672	1783	895.769	5.785	1801	889.654	6.547
1748	827.546	6.276	1766	727.968	6.376	1784	987.686	6.219	1802	654.074	9.875
1749	769.460	7.452	1767	479.689	7.450	1785	585.689	7.450	1803	879.045	4.684
1750	879.456	8.307	1768	895.679	8.270	1786	543.896	8.327	1804	409.376	8.945
1751	789.734	9.007	1769	576.676	9.207	1787	543.956	9.475	1805	743.674	6.742

N°		
1806	457.670.087	4.564
1807	974.670.087	8.978
1808	874.345.054	6.978
1809	847.067.009	4 768
1810	475.087.654	7.498
1811	567.004.980	7.487
1812	679.009.675	6.589
1813	345.074.854	4.781
1814	347.654.857	9.874
1815	976.405.674	9.876
1816	547.689.476	7.407
1817	764.897.695	8.007
1818	847.987.574	9.075
1819	973.895.676	1.087
1820	475.795.834	2.076
1821	785.747.827	3 476
1822	807.954.369	4.637
1823	584.476.854	5.728
1824	365.654.574	6.425
1825	478.956.826	7.432
1826	953.769.476	8.421
1827	807.489.856	9.076
1828	456.769.859	1.754
1829	980.479.879	2.005
1830	815.456.789	3.575
1831	478.589.875	4.357
1832	789.987.654	5.467
1833	978.978.576	6.427
1834	375.456.347	7.524
1835	454.879.456	8.419
1836	877.898.701	9.476
1837	579.900.746	1.347
1838	608.908.407	2.357
1839	907.987.456	3.456
1840	654.476.889	4.789
1841	365.674 987	5.321
1842	587.789.864	6.005
1843	876.694.654	9.025
1844	497.364.956	8.470
1845	484.984.805	9.754
1846	576.976.474	1.796
1847	487.847.207	2.450
1848	879.947.953	3.785
1849	653.875.450	4.690
1850	789.756.472	5.796
1851	589.047.207	2.450
1852	879.747.653	3.785
1853	653.875.450	4.690
1854	789.756.472	5.796
1855	877.986.755	6.790
1856	543.989.765	7.894
1857	879.847.654	7.646
1858	478.989.765	8.765
1859	937.497.895	9.769

1860	546.876 94.347	1878	794.354 80.054	1896	654.276 47.689	1914	789.434 64.257
1861	974.357 95.684	1879	694.357 47.876	1897	376.542 97.864	1915	654.276 45.678
1862	845.906 87.976	1880	489.656 74.879	1898	534.857 94.254	1916	987.854 98.654
1863	754.276 47.839	1881	678.954 87.859	1899	927.854 36.956	1917	804.532 79.465
1864	807.956 45.674	1882	786.789 69.854	1900	845.647 76.894	1918	867.453 96.207
1865	840.756 95.867	1883	674.352 42.065	1901	765.435 46.893	1919	674.875 85.384
1866	747.865 98.342	1884	874.327 53.476	1902	956.433 77.807	1920	976.436 90.074
1867	765.869 34.578	1885	675.487 80.076	1903	940.075 78.956	1921	987.407 98.307
1868	759.364 27 895	1886	437.852 76.907	1904	754.276 85.947	1922	546.743 98.765
1869	875.794 37.896	1887	674.032 69.078	1905	954.276 79.456	1923	764.925 64.875
1870	987.654 65.437	1888	780.075 49.075	1906	897.456 87.493	1924	695.468 98.765
1871	943.765 89.374	1889	476.843 85.654	1907	765.435 97.875	1925	840.677 50.274
1872	674.307 42.765	1890	947.654 36.744	1908	654.375 84.296	1926	654.857 80 076
1873	274.375 97.684	1891	876.492 79.854	1909	674.354 96.746	1927	748 357 85 307
1874	796.465 74.354	1892	478.957 56.876	1910	876.452 70.809	1928	976 464 60.054
1875	470.076 74.294	1893	764.307 79.654	1911	604.352 47.689	1929	854.307 67.084
1876	653.074 70.045	1894	764.854 37.654	1912	764.253 76.454	1930	750.074 85.656
1877	764.385 45.678	1895	940.768 70.004	1913	893.507 76.489	1931	976.874 37.495

1932	890.000	1950	920.000	1968	870.000	1986	964.000
	7.000		7.800		54.600		2.500
1933	540.090	1951	405.000	1969	375.400	1987	914.400
	6.900		4.760		92.700		7.200
1934	650.000	1952	480.000	1970	875.400	1988	851.000
	8.400		5.000		96 600		6.900
1935	750.000	1953	745.000	1971	746.300	1989	781.000
	9.700		6.700		75.200		1.900
1936	810.000	1954	990.000	1972	454.000	1990	697.800
	47.000		3.490		2.500		1.600
1937	425.000	1955	753.400	1973	970.000	1991	977.700
	6.500		7.500		4.000		4.900
1938	780.000	1956	507.000	1974	684.000	1992	246.000
	4.000		450		1.200		4.200
1939	890.000	1957	905.000	1975	987.400	1993	760.000
	7.500		8.700		7.000		74.200
1940	407.000	1958	854.000	1976	874.000	1994	809.000
	4.500		7.500		700		95.600
1941	230.000	1959	974.000	1977	745.000	1995	742.800
	4.900		65.400		6.000		47.000
1942	890.000	1960	940.000	1978	996.000	1996	760.000
	79.000		7.600		7.900		46.200
1943	741.000	1961	475.300	1979	857.100	1997	876.000
	95.000		96.700		1.900		42.000
1944	975.000	1962	840.000	1980	735.000	1998	890.000
	70.400		9.650		16.000		98.400
1945	604.000	1963	975.400	1981	549.000	1999	794.000
	702.000		87.500		45.000		97.400
1946	925.000	1964	750.600	1982	823.000	2000	670.000
	78.000		9.740		21.400		45.000
1947	504.000	1965	980.000	1983	611.000	2001	870.000
	7.600		8.450		7.400		47.900
1948	820.000	1966	670.000	1984	759.000	2002	675.400
	74.300		47.500		2.700		76.000
1949	650.000	1967	987.000	1985	827.500	2003	980.000
	72.000		89.000		3.400		79.000

N°		
2004	548.700.000	47.000
2005	823.000.000	754.000
2006	307.450.000	754.000
2007	699.400.000	834.000
2008	549.000.000	427.000
2009	679.780.000	78.500
2010	987.654.000	6.540
2011	927.540.000	896.500
2012	475.000.000	7.964.000
2013	824.700.000	497.000
2014	567.450.000	794.300
2015	542.570.000	69.400
2016	893.700.000	457.000
2017	657.430.000	879.400
2018	754.600.000	529.000
2019	895.790.000	49.500
2020	659.070.000	80.400
2021	760.040.000	400.700
2022	563.002.000	827.400
2023	500.040.000	300.700
2024	670.709.000	500.400
2025	600.301.000	400.700
2026	820.030.000	5.400.700
2027	300.740.000	897.000
2028	975.007.000	457.600
2029	872.004.000	700.500
2030	605.004.000	900.700
2031	845.004.000	700.040
2032	607.001.000	400.500
2033	370.090.000	47.900
2034	675.007.000	790.000
2035	570.080.000	34.500
2036	670.080.000	896.000
2037	790.040.000	764.000
2038	670.090.000	456.000
2039	740.070.000	45.000
2040	680.090.000	589.000
2041	740.050.000	897.400
2042	300.400.000	800.700
2043	450.040.000	89.400
2044	800.900.000	705.000
2045	470.060.000	453.000
2046	607.040.000	50.700
2047	460.070.000	35.400
2048	607.090.000	40.700
2049	795.600.000	896.000
2050	452.850.000	764.800
2051	674.870.000	795.600
2052	478.769.000	450.000
2053	876.470.000	740.800
2054	807.450.000	794.000
2055	654.850.000	974.000
2056	795.654.000	84.700
2057	405.974.800	45.000

N°	Multiplicande	Multiplicateur
2058	787.254, 25	74
2059	679.349, 875	98
2060	874.549, 765	59
2061	765.679, 854	78
2062	898.747, 94	49
2063	794.377, 225	59
2064	456.574, 897	48
2065	487.789, 095	57
2066	545.647, 235	75
2067	883.749, 005	89
2068	687.451, 25	375
2069	354.835, 27	459
2070	795.678, 745	786
2071	498.957, 57	486
2072	787.945, 235	798
2073	598.075, 745	476
2074	287.407, 617	897
2075	674.257, 815	978
2076	595.960, 078	697
2077	198.793, 004	974
2078	557.276, 027	749
2079	25.490, 005	678
2080	819.765, 079	456
2081	654.837, 679	796
2082	647.972, 829	984
2083	627.454, 075	627
2084	47.907, 853	685
2085	774.357, 907	897
2086	774.357, 907	568
2087	557.800, 004	786
2088	674.705, 654	709
2089	951.654, 847	976
2090	980.017, 004	678
2091	872.072, 004	849
2092	764.527, 907	679
2093	340.705, 805	4.387
2094	540.807, 45	7.986
2095	176.986, 405	8.479
2096	149.653, 805	4.987
2097	239.576, 003	7.968
2098	760.545, 755	3.275
2099	690.523, 414	47.907
2100	590.009, 203	78.965
2101	470.075, 237	89.423
2102	540.075, 237	68.975
2103	450.845, 74	47.496
2104	697.485, 705	56.497
2105	705.496, 855	9.496
2106	970.075, 085	79.826
2107	654.325, 452	47.432
2108	845.974, 075	20.327
2109	943.765, 45	37.048
2110	345.678, 075	44.695
2111	745.643, 25	84.796

N°	Multiplicande	Multiplicateur
2112	545.676	29, 125
2113	767.896	53, 475
2114	658.479	47, 79
2115	937.004	9, 875
2116	784.367	29, 5
2117	674.347	154, 7
2118	954.327	84, 05
2119	471.089	9, 765
2120	974.076	8, 765
2121	345.807	29, 025
2122	975.352	17, 05
2123	985.807	27, 05
2124	674.257	49, 054
2125	689.853	76, 075
2126	647.835	42, 05
2127	340.525	746, 425
2128	540.857	256, 578
2129	980.075	547, 076
2130	174.089	786, 025
2131	975.687	906, 078
2132	740.796	291, 457
2133	547.374	700, 09
2134	678.457	604, 539
2135	856.374	596, 007
2136	975.453	379, 025
2137	820.071	76, 425
2138	937.095	670, 007
2139	417.896	47, 005
2140	534.624	53, 075
2141	579.008	78, 425
2142	950.357	149, 078
2143	879.654	78, 096
2144	456.089	78, 08
2145	980.765	47, 206
2146	745.689	789, 006
2147	789.376	764, 576
2148	796.654	79, 850
2149	687.009	87, 870
2150	954.376	95, 008
2151	978.654	83, 083
2152	676.257	89, 175
2153	746.589	698, 765
2154	859.407	524, 689
2155	975.009	47, 007
2156	987.879	9, 760
2157	407.854	357, 025
2158	607.456	874, 95
2159	543.807	543, 507
2160	670.407	854, 354
2161	784.321	78, 025
2162	651.476	97, 005
2163	741.007	69, 305
2164	542.805	37, 450
2165	807.904	752, 459

2166	0, 75425	0, 054	2184	0, 5469	0, 07	2202	6, 47095	0, 579	2220	9, 405	6, 05
2167	0, 4764	0, 897	2185	0, 6458	0, 03	2203	7, 4748	0, 405	2221	9, 605	4, 32
2168	0, 59465	0, 787	2186	0, 405	0, 075	2204	1, 2476	0, 905	2222	5, 008	4, 056
2169	0, 546	0, 27	2187	0, 8357	0, 045	2205	0, 9876	7, 009	2223	9, 565	3, 007
2170	0, 87565	0, 745	2188	0, 03767	0, 024	2206	6, 6546	0, 35	2224	4, 376	2, 95
2171	0, 45549	0, 257	2189	0, 0574	0, 035	2207	0, 6742	0, 75	2225	6, 425	7, 907
2172	0, 7497	0, 275	2190	0, 0173	0, 009	2208	8, 07594	0, 004	2226	5, 4564	9, 875
2173	0, 4896	0, 37	2191	0, 0747	0, 145	2209	9, 7659	0, 837	2227	2, 6789	3, 007
2174	0, 327	0, 46	2192	0, 8759	0, 076	2210	0, 5632	0, 479	2228	5, 6485	8, 405
2175	0, 9764	0, 39	2193	0, 6754	0, 059	2211	6, 86452	0, 6745	2229	8, 4059	6, 75
2176	0, 6546	0, 05	2194	0, 79645	0, 85	2212	5, 4675	0, 0594	2230	4, 8055	4, 975
2177	0, 0475	0, 22	2195	0, 7596	0, 054	2213	0, 0797	9, 4004	2231	7, 5675	3, 764
2178	0, 0767	0, 42	2196	0, 7046	0, 809	2214	7, 3905	0, 907	2232	7, 8475	5, 405
2179	0, 706	0, 89	2197	0, 45654	9, 75	2215	0, 4256	0, 7409	2233	4, 205	9, 7475
2180	0, 809	0, 76	2198	0, 7056	6, 47	2216	9, 205	7, 076	2234	9, 4576	9, 845
2181	0, 37507	0, 054	2199	0, 8407	0, 179	2217	7, 459	6, 27	2235	5, 9745	9, 865
2182	0, 4586	0, 07	2200	0, 3747	4, 495	2218	8, 907	9, 405	2236	5, 6547	8, 795
2183	0, 37465	0, 24	2201	0, 7094	3, 908	2219	5, 045	3, 217	2237	6, 4765	9, 805

2238	874.354, 754 77, 405	2256	676.276, 285 9, 008	2274	727.485, 807 952, 307
2239	808.954, 305 407, 005	2257	775.354, 05 24, 365	2275	859.854, 356 672, 97
2240	854.856, 369 470, 045	2258	868.479, 079 74, 08	2276	875.937, 475 942, 850
2241	809.746, 704 304, 85	2259	579.745, 089 87, 009	2277	764.562, 080 876, 04
2242	767.814, 405 954, 805	2260	664.746, 079 9, 375	2278	647.952, 807 564, 45
2243	804.950, 075 874, 09	2261	843.874, 076 67, 07	2279	134.853, 805 679, 047
2244	674.850, 075 472, 025	2262	775.374, 745 37, 05	2280	679.405, 907 576, 47
2245	764.205, 456 307, 54	2263	879.476, 875 47, 95	2281	789.876, 975 987, 675
2246	704.805, 456 975, 405	2264	766.879, 345 85, 746	2282	876.407, 095 497, 005
2247	768.217, 05 7, 454	2265	834.654, 095 9, 085	2283	974.354, 02 976, 007
2248	689.424, 760 9, 05	2266	907.904, 005 6, 075	2284	876.365, 407 498, 302
2249	854.379, 007 5, 004	2267	474.605, 085 47, 05	2285	454.857, 007 659, 087
2250	547.485, 927 6, 07	2268	585.467, 057 78, 09	2286	675.489, 097 847, 025
2251	689.689, 975 7, 809	2269	867.980, 076 98, 754	2287	606.405, 454 76, 305
2252	589.770, 054 4, 225	2270	754.768, 976 43, 356	2288	639.746, 074 657, 075
2253	886.489, 009 6, 234	2271	597.607, 08 79, 305	2289	947.875, 079 207, 95
2254	469.871, 072 4, 054	2272	324.752, 079 179, 07	2290	957.429, 705 975, 07
2255	578.859, 239 4, 789	2273	654.898, 076 678, 05	2291	479.834, 704 479, 85

2292	648.745.601	474.257	2310	896.302.456	943.765	2328	947.906.854	745.927
2293	789.407.672	587.648	2311	957.007.428	689.078	2329	787.375.634	894.757
2294	658.709.476	647.895	2312	857.986.789	827.476	2330	695.769.462	976.834
2295	457.465.478	459.876	2313	678.098.789	795.469	2331	876.454.876	695.980
2296	678.760.407	186.079	2314	495.307.429	936.704	2332	954.907.089	600.789
2297	786.745.056	954.378	2315	758.507.961	146.279	2333	875.849.064	757.976
2298	876.540.077	458.976	2316	896.307.401	829.247	2334	987.453.970	645.843
2299	956.543.576	376.894	2317	674.907.461	307.824	2335	796.753.769	849.584
2300	786.530.746	357.894	2318	856.352.425	147.673	2336	687.409.857	764.906
2301	975.432.758	976.432	2319	879.421.702	376.548	2337	457.907.842	796.807
2302	974.554.987	983.254	2320	859.406.305	987.654	2338	574.307.450	234.825
2303	659.754.007	549.876	2321	845.420.789	654.307	2339	856.407.809	305.407
2304	805.045.006	936.504	2322	927.340.576	754.307	2340	995.296.307	487.923
2305	795.030.407	896.007	2323	855.807.607	976.856	2341	794.037.254	978.476
2306	416.342.505	987.405	2324	974.856.074	986.795	2342	759.097.895	750.054
2307	938.321.576	458.976	2325	757.489.007	900.076	2343	754.827.939	477.234
2308	675.427.833	394.756	2326	856.746.834	757.976	2344	674.396.856	285.679
2309	476.742.974	378.974	2327	879.407.854	678.765	2345	574.007.906	784.569

2346 567.948.634.687.954
652.347.986

2347 764.360.684.650.276
784.009.650

2348 674.345.850.459.370
974.568.479

2349 895.432.578.479.676
890.076.354

2350 459.600.784.364.207
407.600.895

2351 684.076.450.680.792
975.008.840

2352 706.004.534.652.894
700.435.809

2353 976.854.679.456.389
984.007.653

2354 456.784.007.654.827
976.070.135

2355 675.074.084.759.847
790.085.276

2356 875.407.900.876.354
456.008.965

2357 697.800.795.976.748
690.078.006

2358 640.078.974.352.679
900.854.703

2359 170.067.465.889.750
900.807.624

2360 784.350.076.974.289
870.065.493

2361 879.453.654.007.987
476.900.854

2362 805.476.978.432.504
123.987.605

2363 654.276.327.975.407
900.705.423

2364 795.047.968.679.423
907.853.468

2365 927.607.004.784.980
780.095.634

2366 475.678.009.456.439
850.097.489

2367 845.007.482.945.678
908.007.654

2368 679.800.794.354.027
984.076.403

2369 674.259.874.758.378
957.000.746

2370 807.905.425.900.627
900.840.007

2371 706.845.349.847.607
907.854.356

2372 478.096.354.269.854
650.047.659

2373 894.307.449.607.856
785.436.007

2374 676.328.379.008.874
870.096.450

2375 975.474.808.437.906
800.957.643

2376 754.956.879.085.674
754.095.977

2377 854.570.874.347.654
950.026.374

2378 654.097.854.054.694
695.407.695

2379 764.954.290.097.874
907.452.653

2380 605.607.484.952.357
542.374.750

2381 854.307.951.874.307
456.962.804

2382 567.809.452.347, 37507
987.006, 435

2383 680.074.325.046, 905
840.076, 7917

2384 407.854.307.406, 92075
978.400, 0036

2385 574.706.754.864, 47567
875.457, 953

2386 476.534.875.042, 9054
900.700, 053

2387 695.407.907.854, 76454
974.006, 8075

2388 875.047.684.354, 456
780.095, 6717

2389 970.047.849.750, 74568
980.076, 475

2390 786.907.640.084, 3405
890.076, 405

2391 875.045.746.075, 7475
987.600, 695

2392 840.764.086.079, 47075
479.873, 52105

2393 974.027.695.924, 0475
970.046, 045

2394 748.007.906.478, 705
845.684, 3795

2395 845.670.048.975, 47625
974.926, 705

2396 697.045.672.483, 5246
984.027, 635

2397 970.456.804.676, 42175
970.084, 302

2398 896.950.076.849, 5425
780.095, 3604

2399 454.608.745.691, 4565
892.007, 035

2400 465.980.076.427, 7356
980.074, 306

2401 987.607.452.827, 9054
984.094, 745

2402 307.896.490.407, 5746
980.074, 45

2403 786.087.407.695, 7954
900.874, 794

2404 607.980.049.764, 3454
980.076, 456

2405 875.407.954.807, 7956
975.674, 78

2406 987.698.346.840, 7465
790.086, 965

2407 654.395.625.746, 4567
987.605, 749

2408 674.407.894.752, 6754
970.067, 846

2409 981.706.854.007, 0854
970.076, 846

2410 754.695.079.454, 6546
980.078, 459

2411 847.009.865.485, 92765
678.009, 6709

2412 674.854.370.087, 954
807.004, 76

2413 957.804.952.007, 4565
874.294, 007

2414 790.845.968.007, 8542
746.005, 345

2415 865.432.534.765, 4325
786.421, 005

2416 895.964.274.654, 8432
796.543. 542

2417 654.321.786.543, 0075
678.425, 008

2418	468 / 2	**2433**	784 / 4	**2448**	264 / 6	**2463**	525 / 7	**2478**	192 / 8	**2493**	108 / 9
2419	684 / 2	**2434**	648 / 4	**2449**	396 / 6	**2464**	588 / 7	**2479**	376 / 8	**2494**	234 / 9
2420	862 / 2	**2435**	716 / 4	**2450**	672 / 6	**2465**	434 / 7	**2480**	832 / 8	**2495**	342 / 9
2421	564 / 2	**2436**	912 / 4	**2451**	678 / 6	**2466**	273 / 7	**2481**	736 / 8	**2496**	405 / 9
2422	786 / 2	**2437**	624 / 4	**2452**	756 / 6	**2467**	343 / 7	**2482**	336 / 8	**2497**	603 / 9
2423	578 / 2	**2438**	932 / 4	**2453**	792 / 6	**2468**	644 / 7	**2483**	600 / 8	**2498**	504 / 9
2424	952 / 2	**2439**	756 / 4	**2454**	834 / 6	**2469**	623 / 7	**2484**	672 / 8	**2499**	243 / 9
2425	963 / 3	**2440**	795 / 5	**2455**	606 / 6	**2470**	399 / 7	**2485**	632 / 8	**2500**	441 / 9
2426	642 / 3	**2441**	670 / 5	**2456**	714 / 6	**2471**	287 / 7	**2486**	392 / 8	**2501**	522 / 9
2427	951 / 3	**2442**	455 / 5	**2457**	654 / 6	**2472**	203 / 7	**2487**	432 / 8	**2502**	621 / 9
2428	843 / 3	**2443**	875 / 5	**2458**	648 / 6	**2473**	679 / 7	**2488**	952 / 8	**2503**	342 / 9
2429	732 / 3	**2444**	970 / 5	**2459**	942 / 6	**2474**	987 / 7	**2489**	248 / 8	**2504**	459 / 9
2430	555 / 3	**2445**	745 / 5	**2460**	774 / 6	**2475**	959 / 7	**2490**	608 / 8	**2505**	711 / 9
2431	873 / 3	**2446**	515 / 5	**2461**	378 / 6	**2476**	826 / 7	**2491**	792 / 8	**2506**	801 / 9
2432	744 / 3	**2447**	605 / 5	**2462**	786 / 6	**2477**	616 / 7	**2492**	872 / 8	**2507**	207 / 9

2508	$\frac{420.472}{2}$	2523	$\frac{435.600}{9}$	2538	$\frac{432.536}{8}$	2553	$\frac{478.919}{7}$
2509	$\frac{564.321}{3}$	2524	$\frac{540.026}{2}$	2539	$\frac{405.252}{9}$	2554	$\frac{650.016}{8}$
2510	$\frac{789.016}{4}$	2525	$\frac{644.013}{3}$	2540	$\frac{344.688}{2}$	2555	$\frac{450.009}{9}$
2511	$\frac{407.630}{5}$	2526	$\frac{708.024}{4}$	2541	$\frac{478.353}{3}$	2556	$\frac{807.402}{2}$
2512	$\frac{426.432}{6}$	2527	$\frac{400.055}{5}$	2542	$\frac{107.424}{4}$	2557	$\frac{540.021}{3}$
2513	$\frac{943.873}{7}$	2528	$\frac{333.006}{6}$	2543	$\frac{756.785}{5}$	2558	$\frac{674.108}{4}$
2514	$\frac{694.120}{8}$	2529	$\frac{842.051}{7}$	2544	$\frac{981.006}{6}$	2559	$\frac{470.025}{5}$
2515	$\frac{342.009}{9}$	2530	$\frac{452.616}{8}$	2545	$\frac{453.607}{7}$	2560	$\frac{750.042}{6}$
2516	$\frac{467.112}{2}$	2531	$\frac{870.120}{9}$	2546	$\frac{743.968}{8}$	2561	$\frac{894.509}{7}$
2517	$\frac{824.610}{3}$	2532	$\frac{452.002}{2}$	2547	$\frac{272.268}{9}$	2562	$\frac{870.008}{8}$
2518	$\frac{879.420}{4}$	2533	$\frac{746.784}{3}$	2548	$\frac{400.608}{2}$	2563	$\frac{456.309}{9}$
2519	$\frac{796.425}{5}$	2534	$\frac{540.764}{4}$	2549	$\frac{600.702}{3}$	2564	$\frac{874.224}{4}$
2520	$\frac{492.630}{6}$	2535	$\frac{654.025}{5}$	2550	$\frac{421.036}{4}$	2565	$\frac{630.021}{7}$
2521	$\frac{853.258}{7}$	2536	$\frac{479.040}{6}$	2551	$\frac{604.430}{5}$	2566	$\frac{543.728}{8}$
2522	$\frac{169.400}{8}$	2537	$\frac{751.002}{7}$	2552	$\frac{347.832}{6}$	2567	$\frac{459.675}{9}$

2568 $\frac{456.789.604}{2}$

2569 $\frac{450.063.003}{3}$

2570 $\frac{740.067.812}{4}$

2571 $\frac{567.878.405}{5}$

2572 $\frac{342.144.402}{6}$

2573 $\frac{814.756.894}{7}$

2574 $\frac{435.607.032}{8}$

2575 $\frac{891.036.144}{9}$

2576 $\frac{406.784.024}{2}$

2577 $\frac{640.233.405}{3}$

2578 $\frac{674.806.496}{4}$

2579 $\frac{746.805.605}{5}$

2580 $\frac{678.472.302}{6}$

2581 $\frac{745.607.807}{7}$

2582 $\frac{567.845.608}{8}$

2583 $\frac{405.063.126}{1}$

2584 $\frac{476.007.850}{2}$

2585 $\frac{654.006.459}{3}$

2586 $\frac{876.407.044}{4}$

2587 $\frac{796.460.785}{5}$

2588 $\frac{741.045.024}{6}$

2589 $\frac{345.678.074}{7}$

2590 $\frac{654.327.816}{8}$

2591 $\frac{400.200.300}{9}$

2592 $\frac{234.567.890}{2}$

2593 $\frac{764.685.801}{3}$

2594 $\frac{954.267.848}{4}$

2595 $\frac{685.807.905}{5}$

2596 $\frac{421.780.074}{6}$

2597 $\frac{945.600.789}{7}$

2598 $\frac{347.605.112}{8}$

2599 $\frac{479.841.111}{9}$

2600 $\frac{476.534.852}{2}$

2601 $\frac{746.843.409}{3}$

2602 $\frac{476.420.016}{4}$

2603 $\frac{607.008.400}{5}$

2604 $\frac{374.000.100}{6}$

2605 $\frac{741.107.808}{7}$

2606 $\frac{456.904.112}{8}$

2607 $\frac{741.018.207}{9}$

2608 $\frac{746.784.320}{5}$

2609 $\frac{402.084.006}{6}$

2610 $\frac{456.843.765}{7}$

2611 $\frac{454.207.808}{8}$

2612 $\frac{450.093.024}{9}$

2613	$\frac{354}{11}$	2628	$\frac{243}{18}$	2643	$\frac{354}{26}$	2658	$\frac{407}{34}$	2673	$\frac{746}{42}$	2688	$\frac{452}{48}$
2614	$\frac{405}{11}$	2629	$\frac{209}{19}$	2644	$\frac{176}{26}$	2659	$\frac{852}{35}$	2674	$\frac{601}{42}$	2689	$\frac{405}{49}$
2615	$\frac{207}{12}$	2630	$\frac{456}{19}$	2645	$\frac{769}{27}$	2660	$\frac{654}{35}$	2675	$\frac{376}{43}$	2690	$\frac{239}{49}$
2616	$\frac{407}{12}$	2631	$\frac{217}{20}$	2646	$\frac{909}{27}$	2661	$\frac{307}{36}$	2676	$\frac{201}{43}$	2691	$\frac{804}{49}$
2617	$\frac{174}{13}$	2632	$\frac{549}{20}$	2647	$\frac{404}{28}$	2662	$\frac{207}{36}$	2677	$\frac{405}{44}$	2692	$\frac{999}{49}$
2618	$\frac{274}{13}$	2633	$\frac{376}{21}$	2648	$\frac{197}{28}$	2663	$\frac{545}{37}$	2678	$\frac{898}{44}$	2693	$\frac{754}{50}$
2619	$\frac{856}{14}$	2634	$\frac{654}{21}$	2649	$\frac{207}{29}$	2664	$\frac{629}{37}$	2679	$\frac{908}{45}$	2694	$\frac{854}{50}$
2620	$\frac{984}{14}$	2635	$\frac{474}{22}$	2650	$\frac{301}{29}$	2665	$\frac{405}{38}$	2680	$\frac{378}{45}$	2695	$\frac{970}{50}$
2621	$\frac{205}{15}$	2636	$\frac{694}{22}$	2651	$\frac{761}{30}$	2666	$\frac{343}{38}$	2681	$\frac{426}{46}$	2696	$\frac{754}{51}$
2622	$\frac{345}{15}$	2637	$\frac{493}{23}$	2652	$\frac{454}{30}$	2667	$\frac{954}{39}$	2682	$\frac{990}{46}$	2697	$\frac{891}{51}$
2623	$\frac{456}{16}$	2638	$\frac{895}{23}$	2653	$\frac{197}{31}$	2668	$\frac{452}{39}$	2683	$\frac{276}{47}$	2698	$\frac{898}{52}$
2624	$\frac{764}{16}$	2639	$\frac{745}{24}$	2654	$\frac{285}{31}$	2669	$\frac{840}{40}$	2684	$\frac{579}{47}$	2699	$\frac{964}{53}$
2625	$\frac{804}{17}$	2640	$\frac{606}{24}$	2655	$\frac{725}{32}$	2670	$\frac{640}{40}$	2685	$\frac{824}{48}$	2700	$\frac{875}{53}$
2626	$\frac{652}{17}$	2641	$\frac{542}{25}$	2656	$\frac{425}{33}$	2671	$\frac{321}{41}$	2686	$\frac{904}{48}$	2701	$\frac{975}{54}$
2627	$\frac{194}{18}$	2642	$\frac{780}{25}$	2657	$\frac{205}{34}$	2672	$\frac{719}{41}$	2687	$\frac{804}{48}$	2702	$\frac{598}{55}$

N°	Division	N°	Division	N°	Division	N°	Division
2703	$\frac{874.187}{11}$	2718	$\frac{793.751}{26}$	2733	$\frac{678.541}{41}$	2748	$\frac{756.000}{56}$
2704	$\frac{543.288}{12}$	2719	$\frac{653.901}{27}$	2734	$\frac{458.715}{42}$	2749	$\frac{858.415}{57}$
2705	$\frac{850.351}{13}$	2720	$\frac{434.741}{28}$	2735	$\frac{659.415}{43}$	2750	$\frac{961.410}{58}$
2706	$\frac{609.420}{14}$	2721	$\frac{704.900}{29}$	2736	$\frac{379.600}{44}$	2751	$\frac{867.010}{59}$
2707	$\frac{453.525}{15}$	2722	$\frac{954.999}{30}$	2737	$\frac{409.999}{45}$	2752	$\frac{876.701}{60}$
2708	$\frac{875.656}{16}$	2723	$\frac{875.405}{31}$	2738	$\frac{710.756}{46}$	2753	$\frac{984.824}{61}$
2709	$\frac{905.765}{17}$	2724	$\frac{985.784}{32}$	2739	$\frac{611.276}{47}$	2754	$\frac{787.576}{62}$
2710	$\frac{654.882}{18}$	2725	$\frac{805.909}{33}$	2740	$\frac{823.507}{48}$	2755	$\frac{489.217}{63}$
2711	$\frac{263.950}{19}$	2726	$\frac{706.425}{34}$	2741	$\frac{925.404}{49}$	2756	$\frac{594.115}{64}$
2712	$\frac{405.680}{20}$	2727	$\frac{476.376}{35}$	2742	$\frac{432.605}{50}$	2757	$\frac{699.999}{65}$
2713	$\frac{471.020}{21}$	2728	$\frac{847.216}{36}$	2743	$\frac{635.701}{51}$	2758	$\frac{715.840}{66}$
2714	$\frac{901.540}{22}$	2729	$\frac{957.517}{37}$	2744	$\frac{739.401}{52}$	2759	$\frac{750.010}{67}$
2715	$\frac{652.547}{23}$	2730	$\frac{487.804}{38}$	2745	$\frac{845.001}{53}$	2760	$\frac{840.025}{68}$
2716	$\frac{452.764}{24}$	2731	$\frac{897.901}{39}$	2746	$\frac{549.800}{54}$	2761	$\frac{230.415}{69}$
2717	$\frac{743.240}{25}$	2732	$\frac{497.999}{40}$	2747	$\frac{654.217}{55}$	2762	$\frac{345.011}{70}$

2763	401.810	71	2778	576.477	86	2793	704.538	17	2808	943.873	77
2764	500.010	72	2779	700.804	87	2794	609.045	24	2809	694.120	68
2765	675.028	73	2780	576.477	88	2795	800.715	35	2810	342.009	89
2766	900.454	74	2781	934.376	89	2796	125.437	46	2811	407.112	58
2767	754.807	75	2782	456.029	90	2797	470.901	54	2812	724.680	79
2768	430.074	76	2783	297.049	91	2798	540.072	69	2813	943.274	62
2769	704.076	77	2784	875.807	92	2799	907.043	73	2814	564.345	43
2770	605.407	78	2785	977.046	93	2800	607.006	79	2815	879.420	64
2771	806.432	79	2786	872.002	94	2801	790.078	84	2816	796.425	75
2772	769.407	80	2787	743.905	95	2802	695.425	97	2817	492.630	66
2773	604.905	81	2788	674.246	96	2803	420.714	52	2818	843.255	87
2774	384.257	82	2789	407.823	97	2804	564.321	37	2819	169.400	78
2775	897.954	83	2790	801.456	98	2805	789 016	84	2820	435.600	59
2776	257.829	84	2791	305.423	99	2806	407.630	95	2821	457.812	45
2777	306.404	85	2792	907.405	57	2807	426.432	67	2822	345.895	85

N°	Dividende	Diviseur
2823	475.450.840	11
2824	768.041.374	12
2825	471.104.074	13
2826	607.240.879	14
2827	409.465.837	15
2828	742.101.407	16
2829	407.695.839	17
2830	849.907.432	18
2831	651.201.001	19
2832	476.958.421	20
2833	374.007.096	21
2834	849.003.004	22
2835	971.400.520	23
2836	456.742.870	24
2837	849.907.432	25
2838	755.432.679	26
2839	814.301.654	27
2840	971.703.850	28
2841	847.400.590	29
2842	472.437.001	30
2843	959.001.405	31
2844	465.746.803	32
2845	758.343.205	33
2846	671.457.604	34
2847	897.435.804	35
2848	714.501.781	36
2849	684.250.079	37
2850	545.654.087	38
2851	418.357.090	39
2852	795.010.544	40
2853	986.070.041	41
2854	648.678.534	42
2855	822.079.809	43
2856	843.557.907	44
2857	797.079.028	45
2858	840.676.427	46
2859	957.435.876	47
2860	487.424.807	48
2861	633.576.807	49
2862	776.446.898	50
2863	454.654.807	51
2864	897.964.807	52
2865	943.079.045	53
2866	795.900.876	54
2867	814.355.877	55

N°	Dividende	Diviseur	N°	Dividende	Diviseur	N°	Dividende	Diviseur
2868	949.505.670	56	2883	360.417.875	71	2898	701.070.070	86
2869	775.865.475	57	2884	774.987.652	72	2899	400.784.691	87
2870	894.876.415	58	2885	307.904.287	73	2900	487.807 321	88
2871	743.239.021	59	2886	160.801.431	74	2901	174.749.854	89
2872	674.239.021	60	2887	601.476.801	75	2902	791.078.984	90
2873	717.401.895	61	2888	207.405.807	76	2903	479.783.921	91
2874	116.418.209	62	2889	896.047.040	77	2904	431.651.423	92
2875	442.372.407	63	2890	187.208.147	78	2905	810.784.769	93
2876	659.416.507	64	2891	804.450.902	79	2906	947.654.301	94
2877	790.845.884	65	2892	347.263.807	80	2907	748.354.278	95
2878	405.674 802	66	2893	574.375.804	81	2908	107.405.007	96
2879	107.505.673	67	2894	142.000.071	82	2909	450.089.077	97
2880	590.406.807	68	2895	763.432.876	83	2910	546.874.301	98
2881	808.904.706	69	2896	952.654.028	84	2911	907.941.561	99
2882	107.405.873	70	2897	649.807.423	85	2912	427.850.017	99

N°	Dividende	Diviseur	N°	Dividende	Diviseur	N°	Dividende	Diviseur	N°	Dividende	Diviseur
2913	474.050	470	2928	452.827	304	2943	236.478	247	2958	395.736	143
2914	870.047	245	2929	654.054	897	2944	452.870	642	2959	679.742	543
2915	654.207	147	2930	301.654	245	2945	572.070	452	2960	678.751	290
2916	984.805	207	2931	907.850	307	2946	676.424	346	2961	479.769	419
2917	832.405	115	2932	450.076	892	2947	954.670	654	2962	897.987	517
2918	574.604	341	2933	512.904	761	2948	908.405	607	2963	875.756	174
2919	976.804	576	2934	920.040	274	2949	454.026	247	2964	904.868	207
2920	475.007	387	2935	576.452	384	2950	609.805	795	2965	657.476	794
2921	805.940	276	2936	607.890	955	2951	504.807	605	2966	457.684	850
2922	800.010	441	2937	764.805	359	2952	430.020	729	2967	842.196	374
2923	307.401	109	2938	975.450	970	2953	743.724	342	2968	767.765	451
2924	506.825	375	2939	807.405	709	2954	624.746	447	2969	896.875	675
2925	375.407	289	2940	389.807	778	2955	946.762	175	2970	497.680	290
2926	820.706	189	2941	343.507	246	2956	874.984	789	2971	845.790	475
2927	546.079	345	2942	576.403	876	2957	784.198	346	2972	845.495	849

N°	Dividende	Diviseur	N°	Dividende	Diviseur	N°	Dividende	Diviseur	N°	Dividende	Diviseur
2973	654.327	147	2988	542.659	454	3003	870.470	857	3018	750.079	652
2974	457.207	307	2989	874.574	791	3004	845.872	948	3019	749.076	954
2975	842.364	915	2990	576.454	807	3005	453.970	254	3020	459.065	774
2976	456.378	827	2991	808.764	304	3006	470.878	548	3021	646.842	356
2977	346.518	954	2992	254.852	254	3007	804.750	907	3022	653.405	478
2978	574.347	634	2993	456.879	854	3008	765.484	654	3023	739.874	819
2979	846.518	854	2994	400.674	376	3009	784.652	922	3024	679.745	456
2980	454.307	827	2995	807.456	556	3010	605.078	254	3025	674.822	456
2981	809.456	942	2996	456.872	867	3011	452.878	374	3026	605.427	742
2982	877.454	754	2997	976.450	749	3012	653.818	874	3027	604.825	617
2983	607.854	827	2998	759.807	694	3013	618.654	854	3028	605.207	789
2984	546.854	974	2999	406.905	709	3014	829.742	764	3029	743.825	379
2985	654.827	835	3000	650.017	456	3015	650.112	754	3030	437.978	879
2986	954.827	215	3001	456.872	907	3016	745.650	674	3031	608.849	347
2987	454.544	705	3002	976.450	749	3017	840.742	842	3032	859.049	847

N°	Dividende	Diviseur
3033	754.754 301	247
3034	697.941.674	305
3035	178.935.421	247
3036	749.834.596	453
3037	351.978.432	658
3038	285.678.943	309
3039	758.754.963	754
3040	679.748.570	504
3041	794.325.069	895
3042	759.435.069	495
3043	459.457.853	704
3044	694.765.349	807
3045	498.765.407	607
3046	373.765.007	405
3047	594.765.072	807
3048	478.645.684	974
3049	673.568.004	749
3050	394.756.809	749
3051	785.374.098	829
3052	947.450.207	345
3053	525.000.407	754
3054	649.607.805	795
3055	517.486.809	621
3056	647.975.004	796
3057	754.827.905	497
3058	654.652.217	872
3059	929.452.907	347
3060	574.085.079	759
3061	887.089.009	346
3062	465.027.897	534
3063	574.654.876	617
3064	376.457.087	452
3065	167.047.096	296
3066	757.807.953	196
3067	946.870.075	279
3068	847.695.876	341
3069	434.079.081	576
3070	679.596.891	876
3071	162.457.830	294
3072	954 761.827	684
3073	801.970.007	971
3074	706.594.876	337
3075	807.436.587	659
3076	504.876.554	896
3077	672.507.804	207

N°	Dividende	Diviseur
3078	454.827.001	542
3079	874.256.084	647
3080	749.657.822	345
3081	654.002.546	745
3082	397.458.701	499
3083	987.698.475	747
3084	643.021.007	457
3085	907.009.471	742
3086	305.427.854	207
3087	542.324.529	674
3088	475.835.402	897
3089	947.844.542	679
3090	453.873.201	542
3091	894.273.455	798
3092	940.078.009	579
3093	224.853.907	479
3094	675.423.804	779
3095	347.658.432	641
3096	785.008.407	347
3097	943.217.875	476
3098	746.008.974	795
3099	987.745.878	749
3100	430.097.280	476
3101	876.495.688	677
3102	475.827.930	390
3103	347.006.921	845
3104	407.006.864	405
3105	740.080.008	540
3106	247.872.010	794
3107	942.357.460	875
3108	547.084.372	976
3109	479.875.452	796
3110	407.524.230	798
3111	827.453.571	197
3112	947.807.906	898
3113	457.009.840	742
3114	540.072.805	575
3115	984.376.091	394
3116	254.856.763	475
3117	305.700.905	427
3118	970.647.873	998
3119	176.870.009	497
3120	434.827.098	496
3121	784.256.852	746
3122	670.076.407	857

3123	745.401.807	201
3124	496.807.904	357
3125	547.076.974	144
3126	596.807.904	678
3127	745.864.370	198
3128	740.876.451	954
3129	594.870.676	369
3130	104.856.009	595
3131	397.450.096	279
3132	547.607.007	457
3133	674.320.134	157
3134	746.369.804	796
3135	564.600.070	596
3136	600.724.375	375
3137	794.827.954	547
3138	456.305.491	457
3139	607.324.087	579
3140	357.429.830	245
3141	650.027.701	987
3142	345.676.407	287
3143	675.451.007	379
3144	809.596.433	876
3145	753.450.076	754
3146	429.376.407	347
3147	576.827.452	634
3148	835.079.453	744
3149	652.025.044	297
3150	654.307.854	387
3151	907.454.263	395
3152	504.009.475	465
3153	764.832.907	415
3154	607.451.960	876
3155	745.653.842	977
3156	654.374.856	429
3157	376.496.908	245
3158	300.457.089	897
3159	543.087.341	576
3160	176.048.276	379
3161	534.875.706	676
3162	567.805.974	347
3163	976.854.079	496
3164	679.854.374	447
3165	987.697.004	576
3166	546.894.325	470
3167	746.876.381	279

3168	584.740.251	4.376	3183	574.207.824	3.129	3198	374.837.109	4.057
3169	674.237.452	8.907	3184	307.453.899	9.765	3199	787.824.300	2.197
3170	543.897.905	6.407	3185	542.396.987	6.430	3200	547.927.652	8.432
3171	743.217.908	3.427	3186	197.807.098	9.408	3201	234.827.206	1.047
3172	824.376.957	4.784	3187	453.837.954	6.534	3202	764.106.347	5.943
3173	653.476.285	8.749	3188	372.820.073	9.526	3203	541.224.807	6.481
3174	578.432.572	4.086	3189	579.400.047	4.350	3204	684.124.206	5.398
3175	840.076.974	1.075	3190	898.754.321	9.784	3205	541.307.650	4.765
3176	674.834.205	7.970	3191	797.029.345	1.976	3206	984.356.401	2.034
3177	574.834.207	6.954	3192	674.895.745	3.427	3207	673.454.807	7.964
3178	543.207.509	4.987	3193	471.940.815	4.110	3208	470.075.334	8.107
3179	607.472.829	3.705	3194	279.745.089	5.401	3209	879.471.076	6.297
3180	743.207.008	2.075	3195	907.008.752	1.941	3210	105.307.450	2.471
3181	456.824.397	1.987	3196	974.875.745	2.476	3211	807.007.927	9.067
3182	100.047.871	2.007	3197	753.808.205	6.194	3212	456.374.204	5.769

N°	Dividende	Diviseur
3213	478.354.876	3.984
3214	407.854.274	1.749
3215	605.704.650	9.485
3216	742.960.854	9.765
3217	745.804.907	4.509
3218	674.075.847	2.471
3219	976.425.654	3.426
3220	746.870.049	1.985
3221	425.785.049	7.495
3222	787.405.654	9.876
3223	470.875.984	9.857
3224	565.043.871	2.145
3225	437.658.470	7.407
3226	748.974.854	5.485
3227	876.432.574	1.784
3228	748.757.432	2.796
3229	846.546.987	2.797
3230	845.653.027	4.854
3231	176.485.652	9.876
3232	745.905.824	4.257
3233	748.427.960	9.876
3234	476.845.904	1.654
3235	741.015.748	3.476
3236	746.874.907	2.452
3237	875.454.807	2.759
3238	174.874.954	7.429
3239	307.452.805	8.745
3240	607.049.457	7.945
3241	650.174.850	1.794
3242	746.854.954	2.975
3243	984.654.972	2.474
3244	746.087.457	1.987
3245	453.347.907	2.794
3246	746.800.079	1.874
3247	453.087.674	5.987
3248	787.654.927	4.789
3249	674.857.904	7.464
3250	874.642.874	1.743
3251	874.953.654	1.798
3252	976.850.017	7.456
3253	546.874.957	2.987
3254	674.852.977	3.478
3255	174.854.957	4.789
3256	746.974.854	9.894
3257	678.907.854	9.875

N°	Dividende	Diviseur
3258	542.875.576	2.195
3259	347.042.671	7.421
3260	234.025.607	2.897
3261	742.525.834	1.456
3262	724.905.601	7.423
3263	894.078.456	3.748
3264	279.176.406	7.426
3265	374.089.453	2.989
3266	864.826.204	1.347
3267	904.087.605	2.984
3268	741.233.479	4.875
3269	799.354.827	8.421
3270	276.484.832	3.476
3271	476.807.452	1.627
3272	676.804.215	9.476
3273	429.345.371	9.876
3274	897.240.087	2.407
3275	500.109.729	6.079
3276	420.121.376	3.196
3277	970.230.510	2.798
3278	670.421.789	2.340
3279	341.375.654	1.586
3280	874.337.452	2.653
3281	824.937.450	1.453
3282	605.907.079	2.986
3283	761.045.817	2.352
3284	452.674.213	5.854
3285	176.407.874	7.406
3286	216.115.076	8.234
3287	827.904.307	5.632
3288	846.070.870	8.090
3289	541.287.834	1.741
3290	742.676.207	2.694
3291	454.237.889	7.894
3292	904.007.869	2.747
3293	345.655.835	4.567
3294	709.478.927	9.079
3295	977.045.874	2.345
3296	294.076.927	7.609
3297	746.824.035	6.941
3298	560.076.927	2.475
3299	971.087.450	3.074
3300	346.074.837	1.074
3301	810.452.907	3.456
3302	940.417.807	2.955

N°	Dividende	Diviseur
3303	374.850.076	4.756
3304	745.674.854	8.790
3305	307.459.543	9.074
3306	976.456.807	6.542
3307	174.800.976	1.009
3308	542.784.372	8.074
3309	417.654.876	9.072
3310	917.454.826	6.485
3311	954.267.007	6.075
3312	652.475.856	7.845
3313	407.976.077	4.095
3314	895.405.974	8.495
3315	854.276.097	7.007
3316	907.417.850	9 012
3317	170.079.450	4.560
3318	370.450.085	7.643
3319	900.075.456	3.217
3320	845.901.654	8.429
3321	650.074.605	6.541
3322	456.007.674	7.654
3323	176.847.954	7.817
3324	674.397.907	9.402
3325	654.800.077	7.045
3326	654.207.856	6.045
3327	964.857.754	8.794
3328	396.466.907	8.742
3329	854.943.857	7.654
3330	790.078.456	2.347
3331	927.084.874	6.701
3332	316.405.654	1.435
3333	749.854.673	8.174
3334	907.470.078	2.541
3335	653.070.089	6.097
3336	600.741.907	8.456
3337	654.834.907	9.764
3338	487.094.070	6.075
3339	849.764.650	7.815
3340	701.874.417	1.011
3341	237.467.897	6.074
3342	376.845.650	6.804
3343	794.854.376	4.561
3344	674.300.079	7.601
3345	230.456.876	8.741
3346	193.456.907	1.710
3347	347.605.854	8.479

DIVISION (Calculez le quotient sans décimales.)

3348	606.405.894	4.706
3349	805.423.135	4.689
3350	100.402.345	7.154
3351	635.426.976	8.941
3352	470.046.874	7.654
3353	743.257.834	3.746
3354	560 079.452	8.974
3355	375.674.859	3.746
3356	745.678.432	8.475
3357	765.876.342	9.874
3358	359.879.405	6.984
3359	475.875.467	7.654
3360	907.880.077	9.784
3361	617.223.423	1.875
3362	792.678.432	4.781
3363	723.904.235	1.079
3364	625.478.350	1.984
3365	700.120.320	2.974
3366	407.001.234	6.971
3367	560.079.076	2.769
3368	179.807.450	3.709
3369	340.058.952	4.985
3370	245.654.763	3.781
3371	245.068.095	4.794
3372	217.654.815	8.764
3373	245.072.432	6.541
3374	247.610.023	9.765
3375	402.356.210	8.107
3376	624.123.032	4.235
3377	547.607.432	4.706
3378	746.078.054	7.801
3379	902.745.654	8.425
3380	801.342.513	6.741
3381	741.231.074	8.421
3382	604.653.752	8.423
3383	674.256.807	3.471
3384	243.072.654	7.981
3385	741.354.652	8.741
3386	652.334.225	7.601
3387	504.224.012	7.654
3388	345.079.084	8.792
3389	674.079.049	8.109
3390	894.007.965	1.765
3391	654.006.795	9.871
3392	670.074.027	3.799

3393	$\frac{407.884\ 257}{47.679}$	3408	$\frac{574.089.572}{13.427}$	3423	$\frac{456.087.654}{75.979}$
3394	$\frac{600.457.824}{67\ 453}$	3409	$\frac{101.234.825}{24.507}$	3424	$\frac{864.207.450}{79.672}$
3395	$\frac{874.253.007}{47.076}$	3410	$\frac{741.020.070}{41.976}$	3425	$\frac{765.846.907}{29.674}$
3396	$\frac{647.024.790}{87.834}$	3411	$\frac{428.673.451}{54.607}$	3426	$\frac{746.852.925}{37.654}$
3397	$\frac{574.347.018}{27.402}$	3412	$\frac{705.906.408}{19.854}$	3427	$\frac{879.453.827}{46.953}$
3398	$\frac{545.885.754}{17.383}$	3413	$\frac{680.007.901}{45.691}$	3428	$\frac{784.209.781}{87.768}$
3399	$\frac{245.627.964}{45.972}$	3414	$\frac{376.087.074}{20.045}$	3429	$\frac{600.748.140}{19.875}$
3400	$\frac{765.405.864}{60.852}$	3415	$\frac{746.847.901}{59.807}$	3430	$\frac{475.028.375}{29.896}$
3401	$\frac{364.546.207}{74.835}$	3416	$\frac{107.452.864}{46.752}$	3431	$\frac{487.954.267}{37.409}$
3402	$\frac{896.364.207}{25.649}$	3417	$\frac{670.047.051}{94.364}$	3432	$\frac{805.643.215}{60.798}$
3403	$\frac{432.804.925}{30.795}$	3418	$\frac{976.084.854}{54.976}$	3433	$\frac{456.976.407}{19.876}$
3404	$\frac{564.296.804}{64\ 785}$	3419	$\frac{480.305.427}{67.198}$	3434	$\frac{806.407.374}{34.987}$
3405	$\frac{976.654.821}{27.401}$	3420	$\frac{540.622.007}{44.507}$	3435	$\frac{843.576.841}{87.984}$
3406	$\frac{674.827.504}{82.609}$	3421	$\frac{197.436.526}{57.742}$	3436	$\frac{647.854.078}{65.924}$
3407	$\frac{724.008.057}{21.249}$	3422	$\frac{654.843.246}{24.839}$	3437	$\frac{487.975.482}{67.819}$

N°	Dividende	Diviseur	N°	Dividende	Diviseur	N°	Dividende	Diviseur
3438	4.765.845.375	149.807	3453	7.456.842.076	450.368	3468	7.464.804.605	296.489
3439	7.432.017.854	197.685	3454	8.743.201.006	437.208	3469	1.700.095.084	346.845
3440	5.421.876.907	198.489	3455	5.421.814.354	789.079	3470	7.465.829.434	247.674
3441	7.485.689.704	198.345	3456	6.874.674.189	145.890	3471	9.467.807.008	374.817
3442	1.107.405.079	189.345	3457	4.245.873.901	947.684	3472	4.764.822.400	764.604
3443	5.748.056.769	297.097	3458	8.461.704.656	252.674	3473	4.684.767.484	896.748
3444	4.427.807.954	987.064	3459	5.340.007.453	986.364	3474	6.748.950.076	978.484
3445	8.470.364.076	289.049	3460	6.780.400.791	677.400	3475	8.456.097.456	374.807
3446	5.432.578.076	297.845	3461	8.456.074.464	194.687	3476	7.456.874.379	204.542
3447	5.742.874.075	789.245	3462	3.456.078.041	487.854	3477	6.454.570.049	753.947
3448	6.846.007.597	984.206	3463	3.456.007.326	769.475	3478	7.420.746.008	279.446
3449	4.127.075.804	877.484	3464	9.475.809.007	479.834	3479	8.435.720.841	196.954
3450	5.406.875.684	198.079	3465	6.743.463.875	184.962	3480	6.347.972.850	894.205
3451	6.749.854.567	478.075	3466	1.467.684.607	472.624	3481	9.457.421.824	746.894
3452	9.007.452.805	987.026	3467	7.437.654.827	249.744	3482	3.953.426.831	694.076

N°	Division	N°	Division	N°	Division	N°	Division
3483	$\frac{29,45}{2}$	3498	$\frac{416,70}{25}$	3513	$\frac{716,451}{434}$	3528	$\frac{765,50}{849}$
3484	$\frac{76,04}{8}$	3499	$\frac{744,12}{45}$	3514	$\frac{405,459}{245}$	3529	$\frac{653,075}{746}$
3485	$\frac{89,026}{14}$	3500	$\frac{635,85}{75}$	3515	$\frac{607,88}{550}$	3530	$\frac{874,05}{978}$
3486	$\frac{74,205}{25}$	3501	$\frac{846,90}{60}$	3516	$\frac{909,54}{670}$	3531	$\frac{347,854}{349}$
3487	$\frac{45,255}{15}$	3502	$\frac{365,76}{36}$	3517	$\frac{357,42}{480}$	3532	$\frac{967,85}{796}$
3488	$\frac{76,755}{20}$	3503	$\frac{487,90}{85}$	3518	$\frac{678,0174}{375}$	3533	$\frac{472,307}{245}$
3489	$\frac{84,015}{30}$	3504	$\frac{746,82}{90}$	3519	$\frac{745,801}{754}$	3534	$\frac{463,207}{479}$
3490	$\frac{195,3}{45}$	3505	$\frac{674,91}{18}$	3520	$\frac{754,290}{275}$	3535	$\frac{670,905}{217}$
3491	$\frac{74,256}{7}$	3506	$\frac{974,64}{80}$	3521	$\frac{576,270}{745}$	3536	$\frac{207,406}{974}$
3492	$\frac{87,017}{50}$	3507	$\frac{873,45}{72}$	3522	$\frac{945,004}{376}$	3537	$\frac{405,07}{197}$
3493	$\frac{175,017}{5}$	3508	$\frac{952,85}{50}$	3523	$\frac{415,02}{719}$	3538	$\frac{405,24}{425}$
3494	$\frac{217,40}{8}$	3509	$\frac{875,76}{75}$	3524	$\frac{975,05}{825}$	3539	$\frac{357,405}{473}$
3495	$\frac{307,50}{12}$	3510	$\frac{647,96}{32}$	3525	$\frac{201,350}{455}$	3540	$\frac{210,054}{745}$
3496	$\frac{452,178}{9}$	3511	$\frac{896,85}{80}$	3526	$\frac{905,025}{795}$	3541	$\frac{405,853}{549}$
3497	$\frac{550,85}{40}$	3512	$\frac{787,77}{48}$	3527	$\frac{940,01}{790}$	3542	$\frac{807,025}{986}$

N°	Dividende	Diviseur	N°	Dividende	Diviseur	N°	Dividende	Diviseur	N°	Dividende	Diviseur
3543	25	0, 5	3558	123	1, 20	3573	8.945	76, 805	3588	379.745	395, 14
3544	32	0, 4	3559	542	2, 5	3574	9.764	32, 005	3589	924.807	79, 305
3545	60	0, 08	3560	654	3, 20	3575	4.207	56, 405	3590	674.234	179, 45
3546	144	0, 36	3561	375	4, 80	3576	7.304	23, 25	3591	895.476	547, 085
3547	216	0, 03	3562	454	6, 40	3577	4.274	72, 72	3592	945.640	275, 84
3548	525	0, 015	3563	643	1, 60	3578	57.669	175, 25	3593	847.652	297, 45
3549	648	0, 009	3564	576	7, 50	3579	24.374	75, 18	3594	784.635	417, 075
3550	630	0, 007	3565	747	4, 5	3580	57.415	89, 95	3595	843.635	217, 407
3551	672	0, 0012	3566	694	3, 20	3581	74.249	76, 87	3596	254.079	745, 27
3552	28.800	0, 024	3567	747	4, 80	3582	34.276	59, 205	3597	43.824	217, 45
3553	1.280	0, 32	3568	875	2, 5	3583	29.754	395, 125	3598	7.907.005	4.507,005
3554	10.272	0, 0428	3569	945	4, 5	3584	76.205	405, 25	3599	8.452.907	304, 256
3555	1.010	0, 025	3570	795	9, 60	3585	40.345	927, 75	3600	6.472.084	397, 075
3556	522	0, 016	3571	873	4, 50	3586	73.284	397, 25	3601	4.205.684	987, 675
3557	2.873	0, 25	3572	915	9, 60	3587	47.604	757, 76	3602	7.456.854	4.761, 25

3603	$\frac{0,24}{0,24}$	3618	$\frac{0,70}{0,140}$	3633	$\frac{0,0004}{0,04}$	3648	$\frac{0,00015}{1,15}$
3604	$\frac{0,24}{0,024}$	3619	$\frac{0,3954}{0,25}$	3634	$\frac{0,007}{0,0007}$	3649	$\frac{0,025}{7,009}$
3605	$\frac{0,175}{0,5}$	3620	$\frac{0,7155}{0,5}$	3635	$\frac{0,0025}{0,25}$	3650	$\frac{0,723}{9,3124}$
3606	$\frac{0,56}{0,14}$	3621	$\frac{0,795}{0,25}$	3636	$\frac{0,0032}{0,032}$	3651	$\frac{0,5374}{2,819}$
3607	$\frac{0,14}{0,56}$	3622	$\frac{0,738}{0,018}$	3637	$\frac{0,175}{0,0175}$	3652	$\frac{0,7524}{4,0072}$
3608	$\frac{0,16}{0,4}$	3623	$\frac{0,4710}{0,25}$	3638	$\frac{0,0272}{0,08}$	3653	$\frac{9,421}{9,421}$
3609	$\frac{0,5}{0,25}$	3624	$\frac{0,3754}{0,032}$	3639	$\frac{0,0874}{0,005}$	3654	$\frac{7,2465}{6}$
3610	$\frac{0,70}{0,10}$	3625	$\frac{0,3217}{0,740}$	3640	$\frac{0,0075}{0,12}$	3655	$\frac{8,1275}{0,4}$
3611	$\frac{0,12}{0,60}$	3626	$\frac{0,5742}{0,7526}$	3641	$\frac{0,0025}{0,14}$	3656	$\frac{12,171}{7,11}$
3612	$\frac{0,10}{0,1}$	3627	$\frac{0,541}{0,762}$	3642	$\frac{0,80542}{0,08}$	3657	$\frac{70,257}{7,9}$
3613	$\frac{0,315}{0,015}$	3628	$\frac{0,3251}{0,437}$	3643	$\frac{7,4572}{0,002}$	3658	$\frac{34,1605}{16,7}$
3614	$\frac{0,125}{0,25}$	3629	$\frac{0,5655}{0,756}$	3644	$\frac{6,07005}{0,0003}$	3659	$\frac{47,1154}{9,007}$
3615	$\frac{0,54}{0,75}$	3630	$\frac{0,4}{0,2107}$	3645	$\frac{5,2474}{0,72}$	3660	$\frac{16,017}{8,05}$
3616	$\frac{0,475}{0,25}$	3631	$\frac{0,9}{0,105}$	3646	$\frac{4,7054}{0,805}$	3661	$\frac{17,042}{9,05}$
3617	$\frac{0,5406}{0,30}$	3632	$\frac{9,2765}{0,07}$	3647	$\frac{2,0074}{0,240}$	3662	$\frac{69,545}{11,72}$

N°	Dividende	Diviseur	N°	Dividende	Diviseur	N°	Dividende	Diviseur	N°	Dividende	Diviseur
3663	4, 62	4, 2	3678	705, 955	27, 1	3693	54, 5	7, 95	3708	352, 1	12, 812
3664	10, 584	5, 04	3679	199, 26	49, 2	3694	74, 25	6, 375	3709	379, 035	9, 009
3665	28, 875	8, 25	3680	270, 502	84, 4	3695	84, 375	16, 5	3710	555, 555	17, 5
3666	7, 035	3, 5	3681	318, 318	79, 5	3696	90, 05	22, 415	3711	807, 4	29, 05
3667	228	9, 5	3682	238, 085	14, 005	3697	97, 6	23, 51	3712	957, 025	17, 005
3668	84, 941	84, 1	3683	40, 1401	4, 004	3698	157, 050	9, 1	3713	4.7001, 1	9, 4
3669	190, 65	46, 5	3684	2.190, 1	9, 05	3699	235, 01	7, 823	3714	5.742, 02	17, 87
3670	1011	84, 25	3685	1.900, 38	25, 005	3700	457, 075	12, 079	3715	6.428, 5	340, 5
3671	299, 625	42, 5	3686	413, 292	24, 24	3701	769, 005	27, 25	3716	7.467, 08	157, 4
3672	218, 88	34, 2	3687	4, 284	1, 05	3702	845, 08	47, 805	3717	8.421, 51	111, 11
3673	262, 5	17, 5	3688	88, 407	12, 54	3703	642, 50	54, 605	3718	6.703, 01	201, 1
3674	220, 99	24, 5	3689	3.575, 29	76, 07	3704	509, 74	27, 56	3719	7.507, 4	107, 6
3675	212, 840	25, 04	3690	34, 132	4, 24	3705	405, 7	79, 27	3720	8.421, 55	235, 07
3676	384, 507	76, 14	3691	388, 097	9, 7	3706	751, 076	89, 88	3721	9.205, 04	717, 004
3677	925, 65	84, 15	3692	845, 379	7, 9	3707	817, 405	99, 99	3722	5.412, 02	641, 07

N°	Dividende	Diviseur	N°	Dividende	Diviseur	N°	Dividende	Diviseur
3723	260.000	200	3738	317.000	90.000	3753	54.790.000	2.400.000
3724	4.750.000	5.000	3739	7.450.000	800.000	3754	76.070	17.000
3725	254.000	8.000	3740	75.200	4.000	3755	854.100	34.000
3726	3.070.000	9.000	3741	763.000	5.000	3756	9.765.000	27.000
3727	82.700.000	8.000	3742	864.000	7.000	3757	74.320	49.000
3728	7.070.000	45.000	3743	7.432.000	900	3758	71.700.000	24.000
3729	8.270.000	9.800	3744	57.420.000	800	3759	10.700.000	70.000
3730	9.470.000	9.000	3745	14.140	5.000	3760	9.870.000	270.000
3731	3.250.000	67.000	3746	70.070.000	5.000	3761	37.500.000	3.400.000
3732	90.400.000	5.700	3747	5.075.000	7.000	3762	8.170.000	7.500
3733	54.500.000	900	3748	607.500.000	750.000	3763	90.100.000	54.000
3734	7.410.000	2.700	3749	9.407.000	1.900	3764	215.000	2.700
3735	45.200.000	170.000	3750	745.200	90.000	3765	57.600.000	74.000
3736	512.000	640	3751	47.510.000	27.000	3766	77.600.000	87.000
3737	71.500.000	2.400	3752	53.510.000	45.000	3767	5.740.000	5.100

N°	Dividende	Diviseur	N°	Dividende	Diviseur	N°	Dividende	Diviseur
3768	4.701.000	3.700.000	3783	12.504.000	20.700	3798	56.316.000	31.500
3769	97.010	7.400	3784	775.070.000	37.900	3799	7.120.600	715.000
3770	542.500	450	3785	975.750.000	427.000	3800	841.080.000	54.000
3771	6.500.000	76.000	3786	715.010	307.000	3801	9.757.600.000	8.040.000
3772	74.210.000	2.100	3787	29.402.000	50.700	3802	7.157.900.000	9.860.000
3773	911.100	17.000	3788	3.454.500.000	277.000	3803	5.762.070.000	427.500
3774	745.100	75.000	3789	745.070.000	90.400	3804	4.500.600.000	20.700
3775	444.400	23.000	3790	2.740.700.000	3.450.000	3805	827.504.000	20.700
3776	740.400	47.000	3791	56.472.000	7.370.000	3806	4.512.070.000	40.500
3777	79.040.000	5.500	3792	47.276.000	37.600	3807	17.620.500.000	476.000
3778	345.300	78.000	3793	756.070	3.000	3808	742.307.000	5.040.000
3779	4.607.000	8.400	3794	14.504.000	20.400	3809	394.800.000	75.000
3780	370.100	92.000	3795	751.070.000	40.000	3810	5.074.700.000	84.300
3781	65.420.000	4.700	3796	87.555.000	17.500	3811	8.952.750.000	742.000
3782	28.410.000	5.400	3797	54.307.000	27.500	3812	54.202.800.000	396.000

N°	Dividende	Diviseur
3813	719.854.749.263.476	7.402.895
3814	807.854.456.780.907	5.498.679
3815	607.004.856.470.907	9.870.061
3816	707.695.473.211.850	4.697.974
3817	465.874.035.874.452	7.408.736
3818	941.008.743.257.841	2.978.456
3819	549.607.042.253.950	8.074.371
3820	470.076.854.004.296	3.976.465
3821	907.853.047.269.807	9.706.854
3822	671.049.004.652.070	4.986.607
3823	307.654.874.073.456	1.986.754
3824	984.297.045.007.964	8.945.685
3825	493.813.954.206.407	2.980.074
3826	845.685.470.079.814	3.985.466
3827	674.087.095.472.873	3.471.954
3828	794.800.706.854.678	3.978.459
3829	767.804.076.574.654	49.700.087
3830	684.007.985.007.489	2.917.878
3831	840.045.654.874.571	7.496.874
3832	794.807.008.437.804	3.984.576
3833	741.087.650.400.705	3.789.416
3834	694.805.402.014.354	2.497.857
3835	654.087.874.854.847	7.608.454
3836	174.852.097.659.879	2.987.678
3837	740.078.482.749.850	4.987.674
3838	358.450.079.850.453	1.987.654
3839	840.075.462.907.852	1.984.580
3840	345.006.741.851.902	2.785.421
3841	742.845.609.854.254	4.978.476
3842	740.065.832.709.652	3.945.681

N°	Dividende	Diviseur
3843	407.671.087.367, 045	674.095, 5
3844	470.842.067.841, 5635	974.607, 45
3845	975.689.874.347, 6095	987.644, 85
3846	567.849.376.499, 6054	987.042, 24
3847	456.009.603.456, 0055	987.009, 075
3848	843.021.564.605, 3746	394.844, 75
3849	754.856.307.944, 4256	896.390, 79
3850	875.467.924.887, 4575	478.987, 742
3851	179.879.879.604, 4775	554.845, 684
3852	674.894.854.670, 4507	940.709, 57
3853	896.074.084.674, 0405	980.749, 07
3854	787.864.236.904, 85	476.650, 754
3855	789.045.036.456, 85	976.807, 705
3856	697.905.484.007, 6745	374.097, 45
3857	789.607.009.842, 674	970.884, 5
3858	654.367.843.300, 0075	740.987, 45
3859	684.842.956.907, 8075	978.456, 45
3860	376.456.008.907, 54	679.080, 095
3861	543.067.843.258, 4976	984.007, 87
3862	674.007.845.654, 8065	976.850, 05
3863	427.009.784.205, 0075	898.654, 85
3864	843.097.064.852, 25	976.407, 8795
3865	843.097.064.852, 46	432.780, 985
3866	654.378.905.427, 0075	542.909, 9876
3867	787.894.985.677, 485	874.094, 2945
3868	600.784.986.647, 795	970.052, 65
3869	795.607.852.792, 45	976.907, 675
3870	432.784.654.207, 405	476.807, 75
3871	674.834.954.267, 6	899.456, 305
3872	840.700.064.390, 05	897.007, 075

34536. — Tours, Imp. Mame.

www.ingramcontent.com/pod-product-compliance
Lightning Source LLC
LaVergne TN
LVHW012353220826
846092LV00002B/536